Udo Cremer

Buchführung ganz einfach

Udo Cremer

Buchführung ganz einfach

Für Existenzgründer, Kleinunternehmer, Neben- und Freiberufler

mvg

Die Deutsche Bibliothek – CIP-Einheitsaufnahme

Cremer, Udo:
Buchführung ganz einfach : für Existenzgründer, Kleinunternehmer, Neben- und Freiberufler / Udo Cremer. - 2. Aufl. - Landsberg am Lech : mvg, 2000
(Small business)
ISBN 3-478-85222-6

Meiner Frau Sigrid,
meinen beiden Töchtern Julia und Isabell,

und allen meinen
Freunden gewidmet

2. Auflage 2000

Umschlaggestaltung: Vierthaler & Braun, München
Satz: Wolfgang Appun, München
Druck- und Bindearbeiten: Druckerei Himmer GmbH, Augsburg
Printed in Germany 85222/1000202
ISBN 3-478-85222-6

INHALT

Vorwort

Jeder Selbständige ist gesetzlich dazu verpflichtet, in mehr oder minder großem Umfang eine Buchführung zu erstellen.

Dieser Ratgeber verschafft Ihnen einen konkreten Überblick über die ständig steigenden Anforderungen an einen Buchführungspflichtigen. Mit seiner Hilfe werden Sie in der Lage sein, eine komplette Jahresbuchführung selbständig zu leisten. Sie werden lernen, welche Aufgaben eine ordnungsgemäße Buchführung zu erfüllen hat und wie sie im einzelnen aufgebaut sein sollte. Angefangen von der Inventur über das Inventar bis zur Bilanz werden Sie die einzelnen Aufbauschritte anhand von Beispielen leicht nachvollziehbar dargestellt bekommen. Nach der „Zerlegung" der Bilanz in einzelne „Unter-Konten" lernen Sie eine einfache und komfortable Lösung kennen, wie ein umfangreicher Geschäftsvorfall auf das Wesentliche zusammengefaßt werden kann, wie unterschiedliche finanzielle Transaktionen buchhalterisch erfaßt werden und wie dies alles buchungsmäßig dokumentiert sein muß, um den gesetzlichen Anforderungen zu genügen.

Im Anschluß daran wird auf die Unterscheidung in Erfolgs- und Bestandskonten näher eingegangen und das Thema der richtigen Mehrwertsteuerverbuchung anhand von zahlreichen Beispielfällen erläutert.

Nach dem eher einleitenden Buchführungsteil werden im Kapitel 10 die häufigsten in der Praxis vorkommenden „anspruchsvolleren" Buchungen und Probleme besprochen und konkrete Ratschläge dafür gegeben.

Die letzten zwei Kapitel des Buches widmen sich dann ausschließlich dem Jahresabschluß (der das eigentliche Kernstück der Buchführung darstellt).

Im gesamten Buchverlauf werden Sie zu jedem Thema eine kompakte, speziell auf den „Buchführungsanfänger" zugeschnittene Einweisung finden, die es auch ungeübten Buchhaltern erlaubt, sich auf diesem unbekannten Terrain zurechtzufinden.

An dieser Stelle möchte ich meiner Frau Sigrid dafür danken, daß sie mich bei der Verfassung dieses Buches tatkräftig unterstützt hat. Einen besonderen Dank gebührt auch Herrn Andreas Kobschätzky vom mvg-verlag, der durch seine kooperative Arbeitsweise maßgeblichen Anteil am Entstehen dieses Buches hat.

Aldenhoven, 1999

Udo Cremer

Kapitel 1

Welche Aufgaben hat die Buchführung zu erfüllen?

Die Buchführung bildet neben der Kostenrechnung, der Statistik und der Planungsrechnung den eigentlichen Hauptteil des Rechnungswesens. Dabei hat sie die Aufgabe, das gesamte Unternehmensgeschehen von der Beschaffung über die Produktion bis zum Absatz zahlenmäßig abzubilden. In diesem Zusammenhang muß nicht nur alles erfaßt, sondern auch überwacht und – vor allem – ausgewertet werden. Somit obliegen der Buchführung insbesondere folgende (Haupt-) Aufgaben:

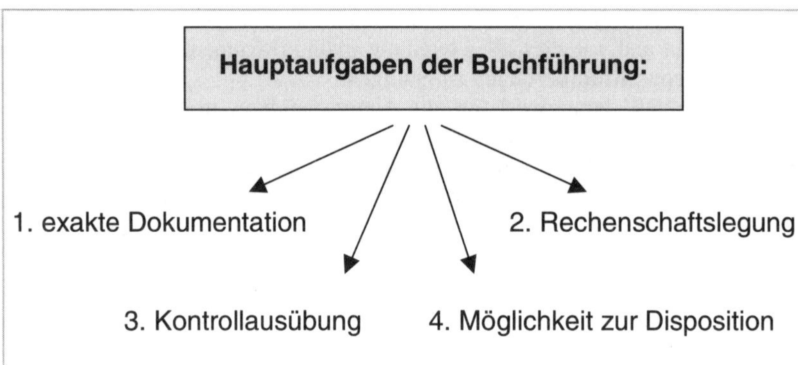

In der Buchführung werden sämtliche Geschäftsvorfälle in zeitlicher und sachlicher Reihenfolge aufgezeichnet und dabei die Veränderungen im Vermögen, beim Eigen- und Fremdkapital sowie am Jahreserfolg deutlich gemacht (exakte Dokumentationsaufgabe).

Darüber hinaus wird durch die Buchführung jährlich ein komprimierter, an den gesetzlichen Vorschriften orientierter Jahresabschluß aufgestellt, der eine schnelle und zutreffende Übersicht über die Vermögens-, Finanz- und Ertragslage der Gesellschaft ermöglicht und sich in erster Linie an die Eigentümer des Unternehmens sowie an die Finanzbehörden und außenstehende Dritte, z.B. Gläubiger, wendet (Rechenschaftslegung).

Durch geeignete Informationsaufbereitung können zusätzlich noch die Wirtschaftlichkeit sowie die Aufrechterhaltung der jederzeitigen Zahlungsfähigkeit des Unternehmens überwacht und sichergestellt werden (Kontrollausübung).

Möglichkeiten zur Disposition ergeben sich insofern, als daß das Zahlenmaterial der Buchführung auch als Grundlage für unternehmerische Planungen und betriebswirtschaftlich relevante Entscheidungen herangezogen werden kann (z.B. für zukünftige Investitionsvorhaben, bzw. Auf- oder Ausbau einer neuen Produktpalette).

Die Buchführung liefert das ursprüngliche Zahlenmaterial für weitergehende individuelle Berechnungen z.B. in der Kosten- und Planungsrechnung sowie für statistische Zwecke. Dafür ist es wichtig, daß in ihr das gesamte betriebliche Geschehen abgebildet wird. Man kann sich leicht vorstellen, daß in einem Betrieb sehr viele verschiedenartige Arbeiten zu erledigen sind. Der Einkauf von Rohstoffen oder Ersatzteilen, deren innerbetrieblicher Transport zum und vom Materiallager, die Weiterverarbeitung zu Fertigteilen mit anschließendem Verkauf muß nicht nur festgehalten und dokumentiert werden, sondern dazu kommen auch noch die Rechnungsschreibung, die Zahlungsüberwachung der Kundschaft sowie die Bezahlung der eigenen Lieferanten für die bezogenen Rohstoffe. Das ist nur ein kleiner Ausschnitt der täglich wiederkehrenden Vorfälle in einem Unternehmen. Der Buchführung kommt in diesem Zusammenhang die besondere Aufgabe zu, sämtliche Geschäftsvorfälle zeitnah, vollständig und geordnet zu erfassen und aufzuzeichnen, um jederzeit Auskunft über die derzeitige Vermögens-, Finanz- und Ertragslage geben zu können. Die Erfassung und Aufzeichnung muß allerdings so erfolgen, daß sich ein fachkundiger Dritter in angemessener Zeit in Ihrer Buchführung zurechtfindet. Damit diese Voraussetzung erfüllt ist, werden an die Buchführung bestimmte Anforderungen geknüpft, die im Laufe dieses Buches noch näher besprochen werden.

Als Hauptaufgaben der Buchführung kann man bezeichnen:

- Jederzeitige Feststellung des Vermögensstandes
- Vollständige und geordnete Erfassung aller relevanten Belege
- Darstellung der Veränderung hinsichtlich der Vermögens-, Finanz- und Ertragslage
- Ermittlung des zutreffenden Gewinns und Grundlage für die Gewinnverteilung
- Grundlage für die an das Finanzamt abzuführenden Steuern
- Beweiskraft bei Rechtsstreitigkeit mit Lieferanten, Kunden, Banken, dem Finanzamt, usw.

Zusammenfassung

Die Buchführung muß laufend geführt werden; sie ist damit keine Zeitpunkt-, sondern eine Zeitabschnittsrechnung. Ihr kommt die Aufgabe zu, sowohl die Mittelherkunft (Eigen- oder Fremdkapital) als auch die Mittelverwendung

(Anlage- oder Umlaufvermögen) fortlaufend und systematisch zu verzeichnen. Zu diesem Zweck müssen alle wirtschaftlichen Vorgänge, die in irgendeiner Weise das Vermögen und Kapital des Unternehmens betreffen, zahlenmäßig festgehalten werden. Das sind nicht nur interne Geschäftsvorfälle (z.B. Verbrauch von im Warenlager befindlichen Rohstoffen in der Fertigung), sondern auch solche, die ein Unternehmen mit der Außenwelt (z.B. Kunden und Lieferanten, Banken, Finanzamt) vornimmt. Die Buchführung bildet mit ihrem Zahlenwerk die Grundlage für die am Geschäftsjahresende aufzustellende Bilanz und Gewinn- und Verlustrechnung (GuV) und damit für die korrekte Ermittlung des Gewinns und der an das Finanzamt abzuführenden „gewinnabhängigen" Einkommensteuer.

Der Sinn einer jeden geschäftlichen Tätigkeit besteht in erster Linie darin, Gewinn zu erwirtschaften und sein Vermögen zu vermehren. Unter der Berücksichtigung, daß der Gewinn (von wenigen Außnahmen abgesehen) jeweils für ein Wirtschaftsjahr (in der Regel = Kalenderjahr) ermittelt wird, kann daraus folgender Gewinnbegriff abgeleitet werden:

> Gewinn ist der Unterschiedsbetrag zwischen dem Betriebsvermögen am Ende des Wirtschaftsjahres und dem Betriebsvermögen am Ende des vorangegangenen Wirtschaftsjahres.

Das Betriebsvermögen stellt dabei die Differenz zwischen dem Vermögen (Anlage- und Umlaufvermögen) und den Schulden eines Unternehmens dar. In der Bilanz wird das Betriebsvermögen auch als Eigenkapital bezeichnet.

BEISPIEL

Der Kaufmann Karl Wendelin weist in seiner Bilanz zum 31.12.1998 ein Betriebsvermögen von 50 000 DM aus. Am 31.12.1997 betrug das Betriebsvermögen noch 40 000 DM. Allerdings hat Karl Wendelin während des Jahres 1998 für insgesamt 20 000 DM Entnahmen getätigt.

	Betriebsvermögen 1998	50 000 DM
–	Betriebsvermögen 1997	40 000 DM
=	Gewinn für das Jahr 1998	10 000 DM

Da ein selbständiger Kaufmann in seinem eigenen Unternehmen nicht angestellt ist, erhält er folglich auch kein Gehalt. Der Lohn für seine Tätigkeit stellt der Gewinn am Geschäftsjahresende dar. Man kann sich aber leicht vorstellen, daß kein Selbständiger ein komplettes Jahr warten kann, bevor er sich den Gewinn für das zurückliegende Geschäftsjahr auszahlen läßt. Zwischenzeitlich muß er auch von irgend etwas seinen Lebensunterhalt bestreiten. Deshalb ist es in der Praxis durchaus üblich, während des Geschäftsjahres sogenannte Privatentnahmen zu tätigen, die praktisch einen „Vorschuß" auf den erst am Jahresende festzustellenden Gewinn darstellen.

Auf unser obiges Beispiel bezogen wäre somit der Gewinn um die Privatentnahmen von 20 000 DM höher ausgefallen, wenn Karl Wendelin keine Entnahmen getätigt hätte. Im Umkehrschluß bedeutet das, daß die Differenz aus dem Betriebsvermögen 1998 und dem Betriebsvermögen 1997 wieder um die während des Jahres getätigten Privatentnahmen zu erhöhen ist.

	Betriebsvermögen 1998	50 000 DM
–	Betriebsvermögen 1997	40 000 DM
=	Unterschiedsbetrag	10 000 DM
+	Entnahmen im Jahr 1998	20 000 DM
=	Gewinn für das Jahr 1998	30 000 DM

Der umgekehrte Fall ist natürlich auch denkbar. Sollte der Unterschiedsbetrag aus dem Betriebsvermögen zweier unterschiedlicher Jahre negativ sein, könnte man auf die Idee kommen, durch eine Privateinlage die weniger vorteilhafte Verlustsituation in eine Gewinnsituation umzumünzen. Da der Gewinn eines Wirtschaftsjahres aber nur durch die im Betrieb selbst erwirtschafteten Erträge und das dadurch geschaffene Vermögen beeinflußt sein darf, ist es für die Ermittlung des richtigen Gewinnausweises unbedingt erforderlich, die oben aufgestellte Gewinndefinition noch zu erweitern. Demnach gilt:

> Gewinn ist der Unterschiedsbetrag zwischen dem Betriebsvermögen am Ende des Wirtschaftsjahres und dem Betriebsvermögen am Ende des vorangegangenen Wirtschaftsjahres vermehrt um den Wert der Entnahmen und vermindert um den Wert der Einlagen, die während des Wirtschaftsjahres getätigt wurden.

BEISPIEL

Dabei sind Entnahmen alle Wertabgaben des Unternehmens für betriebsfremde Zwecke, also z.B. Entnahmen von Gegenständen (Barabhebung), Nutzungen (mit dem Betriebs-Pkw wird auch privat gefahren) und Leistungen (während der Arbeitszeit wird die private Korrespondenz geführt). Einlagen können dagegen alle Wertabgaben eines Steuerpflichtigen an sein Unternehmen sein, z.B. Einlagen von Gegenständen (Privateinlage), Nutzungseinlage (betrieblich veranlaßte Fahrt mit dem Privat-Pkw) und Leistungseinlagen.

	a)	b)	c)	d)
Betriebsvermögen 31.12.1998	10 000 DM	30 000 DM	25 000 DM	40 000 DM
Betriebsvermögen 31.12.1997	10 000 DM	25 000 DM	30 000 DM	35 000 DM
Entnahmen im Jahr 1998	5 000 DM	10 000 DM	10 000 DM	10 000 DM
Einlagen im Jahr 1998	15 000 DM	15 000 DM	15 000 DM	5 000 DM
Ermittlung des Gewinns 1998:	– 10 000 DM	0 DM	– 10 000 DM	10 000 DM

Ohne gesetzliche Rahmenbedingungen geht es nicht!

Kapitel 2

Die Buchführung stellt das zahlenmäßige Abbild des gesamten betrieblichen Geschehens dar und bildet die Grundlage für zahlreiche an das Finanzamt abzuführende Steuerarten (Lohn- und Kirchensteuer, Umsatzsteuer, Einkommensteuer, Körperschaftsteuer, Gewerbesteuer, usw.). Insofern können Sie sich sicherlich vorstellen, daß hieran strenge gesetzliche Vorschriften geknüpft sind. Die Pflicht zur Buchführung werden nach deutschem Gesetz zwei Gruppen von Personen auferlegt:

- Kaufleuten nach dem Handels- und Steuerrecht
- Einem erweiterten „Teilnehmerkreis" nach der Abgabenordnung (z.B. Land- und Forstwirte)

Im Rahmen dieses Ratgebers wird nur auf die Buchführungspflicht für Kaufleute eingegangen.

> Nach § 238 Handelsgesetzbuch (HGB) ist jeder Kaufmann verpflichtet, Bücher zu führen und in diesen seine Handelsgeschäfte und die Lage seines Vermögens nach den Grundsätzen ordnungsmäßiger Buchführung ersichtlich zu machen.

Kaufmann ist jeder, der ein Handelsgewerbe betreibt. Handelsgewerbe ist jeder Gewerbetrieb, es sei denn, daß das Unternehmen nach Art oder Umfang einen in kaufmännischer Weise eingerichteten Geschäftsbetrieb nicht erfordert (unabhängig von der Eintragung in das Handelsregister). Darüber hinaus ist auch Kaufmann, wer sich als Kleingewerbetreibender, dessen Betrieb keinen in kaufmännischer Weise eingerichteten Geschäftsbetrieb erfordert, in das Handelsregister hat eintragen lassen (es besteht ein sogenanntes Wahlrecht zum Kannkaufmann, d.h. die Kaufmannseigenschaft und damit die Buchführungsverpflichtung entsteht erst mit der Eintragung in das Handelsregister). Ist eine Eintragung erfolgt, unterliegt der Kleingewerbetreibende allerdings in vollem Umfang dem Handelsrecht und damit auch der Pflicht zur Führung von Handelsbüchern. Außerdem sind Gesellschaften (z.B. offene Handelsgesellschaft, Kommanditgesellschaft, Gesellschaft mit beschränkter Haftung und Aktiengesellschaft) ebenfalls nach dem Gesetz Kaufleute.

Die Buchführungpflicht beginnt für den Kaufmann, der ein Handelsgewerbe betreibt, zu dem Zeitpunkt, in dem er seine Tätigkeit beginnt, für den Kannkaufmann erst mit der Eintragung in das Handelsregister. Die Pflicht zur Führung von Büchern endet mit dem Verlust der Kaufmannseigenschaft, also in der Regel bei der Betriebsaufgabe.

Grundsätzlich muß die Buchführung so beschaffen sein, daß sie einem sachverständigen Dritten innerhalb angemessener Zeit einen Überblick über die Geschäftsvorfälle ermöglicht und über die Lage des Unternehmens Auskunft gibt. Dazu ist es unabdingbar, daß sich sämtliche Geschäftsvorfälle von ihrer Entstehung bis zur Abwicklung verfolgen lassen. Bei der Führung der Handelsbücher und bei den sonstigen erforderlichen Aufzeichnungen hat sich der Kaufmann einer lebenden Sprache zu bedienen; Abkürzungen, Ziffern, Buchstaben oder Symbole müssen in ihrer jeweiligen Bedeutung eindeutig festgelegt sein.

Alle Eintragungen in den Büchern und sonstigen erforderlichen Aufzeichnungen müssen vollständig, richtig, zeitgerecht und geordnet vorgenommen werden. Weiterhin darf eine Eintragung oder Aufzeichnung nicht dahingehend verändert werden, daß der ursprüngliche Inhalt nicht mehr feststellbar ist. Auch solche Veränderungen dürfen nicht vorgenommen werden, deren Beschaffenheit es ungewiß läßt, ob sie ursprünglich oder erst später gemacht worden sind (d.h. es darf nicht radiert oder gelöscht, sondern nur sauber durchgestrichen werden).

Im Rahmen der kaufmännischen Buchführung stehen zwei unterschiedliche Systeme zur Verfügung:

1. Die einfache Buchführung:

In der Praxis ist die einfache Buchführung nur noch vereinzelt anzutreffen. Ihre wesentlichen Merkmale sind:

- Sämtliche Geschäftsvorfälle werden in zeitlicher Reihenfolge aufgezeichnet.
- Konten, auf denen sowohl Aufwendungen wie auch Erträge erfaßt werden, werden nicht geführt.
- Die Ermittlung des Gewinns kann nur durch einen Betriebsvermögensvergleich (wie zuvor beschrieben) durchgeführt werden.

Trotz der erheblichen Einschränkungen und Nachteile wird die einfache Buchführung als ordnungsgemäß anerkannt, da die Mindestvoraussetzungen für eine Buchführung mit ihr erfüllt sind.

2. Die doppelte Buchführung:

Aufbauend auf die einfache Buchführung werden bei der doppelten Buchführung sämtliche Geschäftsvorfälle innerhalb eines Wirtschaftsjahres nicht nur in zeitlicher, sondern auch in sachlicher Hinsicht erfaßt und gebucht. Das charakteristische an der doppelten Buchführung ist, daß alle Vorgänge doppelt aufgenommen werden. Doppelt heißt in diesem Zusammenhang, daß durch die Buchung zum einen die Auswirkung auf das Betriebsvermögen und zum anderen auf das Betriebsergebnis (also Gewinn oder Verlust) deutlich werden.

Sie sehen bereits, daß an die ordnungsgemäße Führung Ihrer Bücher hohe Anforderungen gestellt werden. Dieses Buch gibt Ihnen Tips und praktische Hinweise und zeigt Ihnen, wie Sie Ihre Buchführung am sinnvollsten organisieren und vor allen Dingen, was Sie dabei beachten sollten.

Grundsätzlich sind Sie in der Form der Führung Ihrer Geschäftsbücher frei. So können Sie neben gebundenen Büchern auch eine fortlaufend numerierte Loseblattsammlung oder eine geordnete Ablage Ihrer Belege verwenden oder auf EDV zurückgreifen. Sie haben auch die Möglichkeit, Ihre gesamten Bücher und sonstigen Aufzeichnungen auf Datenträgern zu führen, sofern sichergestellt ist, daß die Daten während der Dauer der gesetzlichen Aufbewahrungsfrist verfügbar sind und jederzeit innerhalb angemessener Frist lesbar gemacht werden können.

Über der gesamten Buchführung schwebt immer der Grundsatz der Ordnungsmäßigkeit, Klarheit und Nachprüfbarkeit. Deshalb ist es unbedingt erforderlich, für die Buchung Ihrer Geschäftsvorfälle eine gewisse Ordnung einzuhalten.

Diese Ordnung erstreckt sich auf eine

- **zeitliche** (chronologische) Ordnung,
- **sachliche** (systematische) Ordnung,
- **ergänzende** Ordnung durch Nebenaufzeichnungen in bestimmten Fällen.

Eine Hauptaufgabe der Führung Ihrer Bücher ist in der zuvor vorgestellten Ordnung zu sehen.

Grundsätzlich lassen sich die verschiedenen Bücher der Buchführung wie folgt klassifizieren:

Bücher der Buchführung			
Grundbücher und Belegsammlungen	Hauptbuch	verschiedene Nebenbücher	Hilfsbücher

Was für Bücher in welcher Form wie geführt werden müssen und welche Anforderungen daran zu stellen sind, wird im folgenden kurz vorgestellt.

Das Grundbuch

Das Grundbuch, auch Journal oder Primanota genannt, dient zur Aufzeichnung aller Geschäftsvorfälle in zeitlicher (chronologischer) Reihenfolge anhand entsprechender, vorkontierter Belege. Das Grundbuch hat Grundlagencharakter für Ihre gesamte Buchführung. Im Grundbuch werden folgende Buchungen dokumentiert:

- Eröffnungsbuchungen
- Laufende Buchungen
- Vorbereitende Abschlußbuchungen
- Abschlußbuchungen

Seine Hauptaufgabe besteht im wesentlichen in der richtigen Dokumentation der laufenden Buchungen. Dazu ist es unbedingt erforderlich, daß aus **jedem Geschäftsfall**, den Sie darin festhalten, **folgende Angaben** zu erkennen sind:

- Datum
- Belegart und Belegnummer
- Buchungstext (kurze Beschreibung des Geschäftsvorfalls)
- Buchungssatz (Konto und Gegenkonto)
- DM-Betrag

Buchungsjournal		**Oktober 1999**			**Seite ...**	
Datum	Beleg-Nr.	Buchungstext	Buchungssatz		Betrag	
			Soll	Haben	Soll	Haben
01.10.	---	Übertrag von Seite		....	....	
04.10.	ER 164	...	6850		200,--	
		Tankquittungen	2600		30,--	
				4400		230,--
05.10.	BA 178		4400		230,--	
		Überweisung		2800		230,--
---	---	Tankbelege				

Ein Buchungsjournal muß immer als ein solches gekennzeichnet sein. Es muß neben der fortlaufenden Seitennummerierung vermerkt werden, auf welchen Zeitraum sich die Buchungen beziehen (z.B. Monat Oktober 1999). In der ersten Spalte wird das jeweilige Tagesdatum eingetragen, in der zweiten die Belegnummer oder die Beleg-Art (ER steht beispielsweise für Eingangsrechnung und BA für Bankauszug). In der dritten Spalte folgt eine Kurzbeschreibung des zugrundeliegenden Buchungssatzes (hier: Die Firmenwagen wurden vollgetankt, als Belege dienen die von der Tankstelle ausgestellten Tankquittungen). Die vierte und fünfte Spalte zeigt an, welcher Betrag (5. Spalte) auf welches Konto und auf welcher Seite des jeweiligen Kontos gebucht wird. Dazu später mehr. Die vierte und fünfte Spalte (Buchungssatz und Betrag) dient später auch zur Übernahme in das Hauptbuch.

Der Gesetzgeber fordert zwar eine zeitnahe und geordnete Erfassung der Geschäftsvorfälle im Grundbuch, das heißt aber nicht, daß Sie kalendertäglich aufzeichnen müssen. Es ist ausreichend, wenn ein zeitlicher Zusammenhang zwischen den Vorgängen und ihrer buchmäßigen Erfassung besteht.

Manchmal ist es aus praktischen Erwägungen heraus sinnvoller, die Geschäftsvorfälle nicht laufend, sondern nur periodenweise zu buchen (z.B. bei Einsatz einer EDV einmal pro Monat). In diesen Fällen muß die grundbuchmäßige Erfassung der Geschäfte eines Monats bis zum Ablauf des folgenden Monats erfolgen, und es sollte durch organisatorische Vorkehrungen sichergestellt werden, daß Buchführungsunterlagen bis zu ihrer grundbuchmäßigen Erfassung nicht verlorengehen können, z.B. durch laufende Nummerierung sämtlicher eingehender und ausgehender Rechnungen oder durch die Abheftung in besonderen Mappen oder Ordnern.

Je nachdem, welche Ausmaße in Ihrem Betrieb die zeitgerechte Aufzeichnung sämtlicher Vorfälle annimmt, besteht auch die Möglichkeit, das eigentliche Grundbuch, wie oben vorgestellt, in mehrere „Untergrundbücher" aufzuteilen. In der Praxis hat sich beispielsweise bewährt, ein separates Grundbuch für die Kasse, für Rechnungsein- und -ausgänge sowie für sämtliche Bank- und Postbankkonten zu führen.

Das Kassenbuch

Das Kassenbuch stellt in vielen Betrieben das wichtigste Grundbuch dar. In ihm sind täglich sämtliche Kasseneinnahmen und Kassenausgaben festzuhalten. Ein Kassenbuch können Sie in vorgefertigter Form in vielen Schreibwarengeschäften kaufen. Sie können allerdings auch in einem selbstgefertigten Kassenbuch Ihre Aufzeichnungen vermerken.

Aufbau eines Kassenbuches:

Kassenbuch	**Oktober 1999**		**Seite ...**
Datum	Buchungstext	Einnahme	Ausgabe
01.10.	Übertrag aus dem Vormonat	...	
01.10.	Porto für Paketdienst		12,50
02.10.	Barabhebung vom Bankkonto	1 000,00	
02.10.	Reisekostenabrechnung Maier		252,30
...	...		

Sie werden lachen, aber achten Sie unbedingt darauf, daß Ihr Kassenbestand nicht irgendwann einmal einen negativen Saldo aufweist. Sie glauben nicht, wievielen Unternehmen das bei Führung eines manuellen Kassenbuches auch heute noch passiert. Ein negativer Saldo ist bei der Kasse nicht nur unmöglich, sondern auch für einen Betriebsprüfer vom Finanzamt ein sicheres Anzeichen dafür, daß Sie Ihre Kassenbelege nicht zeitgerecht, vollständig und richtig erfaßt und gebucht haben, was im schlimmsten Fall dazu führen kann, daß die Ordnungsmäßigkeit Ihrer gesamten Buchführung in Frage gestellt und Ihr Geschäftsgewinn vom Finanzamt geschätzt wird.

Solange sämtliche Vorgänge der Kassenaufzeichnungen einzeln gebucht werden, besteht kein Erfordernis zu regelmäßigen Kassenbestandsaufnahmen. Allerdings sollten Sie mindestens einmal im Jahr, wenn möglich zwei oder dreimal, eine Kassenbestandsaufnahme durchführen. Bei der Kassenbestandsaufnahme wird verglichen, ob der tatsächlich in der Kasse vorhandene Bargeldbestand mit dem Saldo in Ihrem Kassenbuch übereinstimmt. Dazu muß eine körperliche Bestandsaufnahme des gesamten Bargeldes erfolgen. Am besten ist es, wenn Sie sich vorher folgendes Formular entwerfen, die entsprechenden Zahlen mit der Hand während der Kassenbestandsaufnahme eintragen und sich das Formular anschließend vom verantwortlichen Kassierer unterschreiben lassen.

Kassenbestandsaufnahme am 1999

Verantwortlicher Kassierer: Frau/Herr ....

Bei der Kassenbestandsaufnahme wurde folgender Kassenbestand ermittelt:

.... *1000 Mark Scheine	=	.... DM
.... * 500 Mark Scheine	=	.... DM
.... * 200 Mark Scheine	=	.... DM
.... * 100 Mark Scheine	=	.... DM
.... * 50 Mark Scheine	=	.... DM
.... * 20 Mark Scheine	=	.... DM
.... * 10 Mark Scheine	=	.... DM
.... * 5 Mark Scheine	=	.... DM
.... * 5 Mark Münzen	=	.... DM
.... * 2 Mark Münzen	=	.... DM
.... * 1 Mark Münzen	=	.... DM
.... * 50 Pfennig Münzen	=	.... DM
.... * 20 Pfennig Münzen	=	.... DM
.... * 10 Pfennig Münzen	=	.... DM
.... * 5 Pfennig Münzen	=	.... DM
.... * 2 Pfennig Münzen	=	.... DM
.... * 1 Pfennig Münzen	=	.... DM
	Summe: =	.... DM

Ort, Datum

Unterschrift des Kassierers

Das Hauptbuch

Das Grundbuch hat einen entscheidenden Nachteil. Aus ihm läßt sich nicht jederzeit der Stand der einzelnen Vermögensteile und Schulden erkennen. Deshalb ist es nötig, die Geschäftsfälle noch in eine sachliche (systematische) Ordnung zu bringen, so werden z.B. alle Mietzahlungen auf dem Konto „Miete“ gebucht, alle Bankbewegungen auf dem Konto „Bank” usw. Diese Sachkonten stellen wegen ihrer hervorgehobenen Bedeutung das Hauptbuch der Buchführung dar.

Grundlage der Eintragungen im Grundbuch sind die einzelnen Belege. Dagegen erfolgen die Buchungen im Hauptbuch nach dem Grundbuch, wobei im Hauptbuch für jedes Sachkonto der Bilanz und der Gewinn- und Verlustrechnung ein separates Konto eingerichtet wird. Somit übernimmt das Hauptbuch die gleichen Vorgänge wie das Grundbuch, nur in anderer Ordnung.

Der Zusammenhang zwischen Grundbuch und Hauptbuch soll nochmals bildlich dargestellt werden:

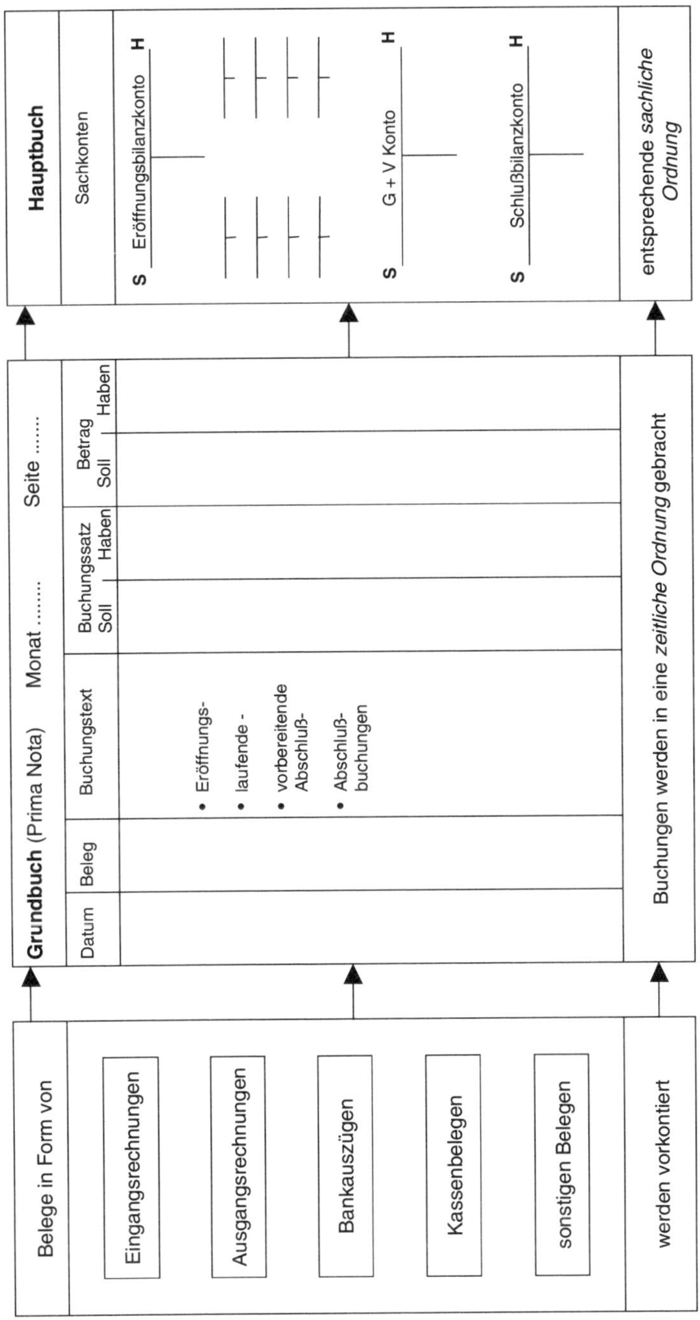
Belege in Form von
Eingangsrechnungen
Ausgangsrechnungen
Bankauszügen
Kassenbelegen
sonstigen Belegen
werden vorkontiert
Grundbuch (Prima Nota) Monat .... Seite ......
Datum
Beleg
Buchungstext
Buchungssatz
Soll Haben
Betrag
Soll Haben
• Eröffnungs-
• laufende -
• vorbereitende Abschluß-
• Abschluß- buchungen
Buchungen werden in eine zeitliche Ordnung gebracht
Hauptbuch
Sachkonten
S Eröffnungsbilanzkonto H
S G + V Konto H
S Schlußbilanzkonto H
entsprechende sachliche Ordnung

Die Nebenbücher

Es gibt bestimmte Hauptbuchkonten, die einer näheren Erläuterung bedürfen, um zusätzliche wichtige Einzelheiten festzuhalten. Dies geschieht in den Nebenbüchern zum Hauptbuch. Insbesondere können Sie als Nebenbücher führen:

- Forderungen aus Lieferungen und Leistungen ⇨ Geschäftsfreundebuch
- Verbindlichkeiten aus Lieferungen und Leistungen ⇨ Geschäftsfreundebuch
- Anlagenbuchhaltung ⇨ Anlagenkartei
- Besitz- und Schuldwechsel ⇨ Wechselbuch
- Lohn- und Gehaltsabrechnungen ⇨ Lohn- und Gehaltsbuch
- Lagerbuchhaltung ⇨ Lagerbuch

Die Nebenbücher dienen in erster Linie der Erläuterung der Inhalte einzelner Hauptbuchkonten.

Geschäftsfreundebuch

Im Hauptbuch wird für sämtliche Kunden (Debitoren) und Lieferanten (Kreditoren) jeweils nur ein Konto geführt, nämlich das Konto „Forderungen aus Lieferungen und Leistungen" für alle Debitoren und das Konto „Verbindlichkeiten aus Lieferungen und Leistungen" für die Lieferanten.

Mit Hilfe des Hauptbuches allein läßt sich nicht erkennen, wie hoch der einzelne Guthabenstand (bzw. Schuldenstand) bei einem speziellen Kunden (bzw. Lieferanten) ist. Daher ist es unerläßlich, für jeden Kunden und Lieferanten ein eigenes Konto (Personenkonto) einzurichten. Die Einrichtung von Personenkonten dient ebenfalls der Überwachung der Zahlungstermine und der Zahlungsbereitschaft (Liquidität). Sämtliche Personenkonten bilden in ihrer Gesamtheit das Geschäftsfreundebuch.

Die Summe aller Debitorensalden muß mit dem Saldo auf dem Konto „Forderungen aus Lieferungen und Leistungen" aus dem Hauptbuch übereinstimmen. Gleiches gilt für die Kreditoren in Übereinstimmung mit dem Konto „Verbindlichkeiten aus Lieferungen und Leistungen".

Im Laufe des Monats März 1999 ergaben sich folgende Buchungen auf Ihrem Hauptbuchkonto (Sachkonto) „Forderungen aus Lieferungen und Leistungen":

Soll		Forderungen aus Lieferungen und Leistungen			Haben
8000 AB		10 270	(5)	2800	8 750
(2)	5000, 4800	2 900	(13)	2800	1 500
(8)	5000, 4800	3 780	(17)	2800	900
(15)	5000, 4800	5 960	(18)	2800	5 870
(21)	5000, 4800	4 950	(24)	2800	3 120
(28)	5000, 4800	1 365	8010 EB		9 085
		29 225			29 225

In Ihrem Geschäftsfreundebuch werden die einzelnen Beträge aus dem Forderungskonto auf die verschiedenen Kundenkonten aufgeteilt:

Debitor-Kundenkonto: 10000 Fa. Schmitz, Musterstr. 13, Musterstadt				
Datum	**Beleg**	**Buchungstext**	**Betrag** Soll	Haben
01.11.		Saldovortrag aus dem Vormonat	8 750	
05.11.	BA 241	Überweisung		8 750
15.11.	AR 1201	Verkauf auf Ziel	5 960	
18.11.	BA 261	Überweisung		5 870
21.11.	AR 1259	Verkauf auf Ziel	4 950	
24.11.	BA 275	Verrechnungsscheck		3 120
Summe:			19 660	17 740
Saldo:			1 920	

Debitor-Kundenkonto: 10001 Fa. Mayer, Beispielweg 25a, Beispielstadt				
Datum	**Beleg**	**Buchungstext**	**Betrag** Soll	Haben
01.11.		Saldovortrag aus dem Vormonat	1 520	
05.11.	AR 1113	Verkauf auf Ziel	2 900	
15.11.	AR 1120	Verkauf auf Ziel	3 780	
18.11.	BA 256	Verrechnungsscheck		1 500
21.11.	BA 260	Überweisung		900
24.11.	AR 1312	Verkauf auf Ziel	1 365	
Summe:			9 565	2 400
Saldo:			7 165	

Der Abschluß der Personenkonten, die außerhalb der eigentlichen Buchhaltung angesiedelt sind, ist relativ einfach und erfolgt durch Einsetzen des Saldos auf der kleineren Kontoseite. Wie bei allen Eintragungen, die auf den Personenkonten vorgenommen werden, erfolgt auch hier keine Gegenbuchung. Am Jahresanfang (bei jährlichem Abschluß) bzw. am Monatsanfang (bei monatlichem Abschluß) wird der Anfangsbestand ebenso ohne Gegenbuchung auf den einzelnen Personenkonten wieder vorgetragen, und zwar die Kundenforderungen im Soll und die Lieferantenschulden im Haben.

Nachdem alle Debitorenkonten abgeschlossen wurden (dies können Sie monatlich, vierteljährlich oder auch nur einmal im Jahr durchführen), werden diese in einer sogenannten Saldenliste aufaddiert.

Saldenliste der Debitorenkonten

2400 / 10000	Fa. Schmitz, Musterstadt	1 920
2400 / 10001	Fa. Mayer, Beispielstadt	7 165
2400	Forderungen aus Lieferungen und Leistungen	9 085

Sie sehen, daß die Summe der Saldenliste der Debitorenkonten identisch ist mit dem Saldo des Sachkontos „Forderungen aus Lieferungen und Leistungen" im Hauptbuch.

Entsprechend wird bei der Aufschlüsselung der Kreditoren verfahren. Die Saldenliste der Kreditorenkonten muß dem Saldo des Sachkontos „Verbindlichkeiten aus Lieferungen und Leistungen" entsprechen. Ist diese Übereinstimmung nicht gegeben, sind möglicherweise Buchungsfehler aufgetreten und zu klären bzw. unterlassene Buchungen nachzuholen.

Zum Jahresende werden die Beträge der Saldenlisten der Debitoren und Kreditoren, meistens in Abstimmung mit den Kunden und Lieferanten, in das Inventar (Einzelsalden) und in die Schlußbilanz (Salden der Hauptkonten) übernommen.

Das Geschäftsfreundebuch gehört zur ordnungsmäßigen Buchführung und erleichtert Ihnen als Kaufmann den Überblick über den aktuellen Forderungs- und Schuldenstand bei jedem einzelnen Kunden und Lieferanten. Es wird neben der eigentlichen Buchhaltung als zusätzliches Nebenbuch geführt und schlüsselt die in den Konten „Forderungen" sowie „Verbindlichkeiten" enthaltenen Gesamtsummen auf.

Zusammenfassung:

Zusammenfassend bleibt festzuhalten,

- daß das Charakteristikum der doppelten Buchführung in der Aufzeichnung und Buchung aller Geschäftsvorfälle in zeitlicher und sachlicher Hinsicht liegt,
- daß bei jeder Buchung mindestens zwei Konten angesprochen werden, wobei auf dem einen im Soll und auf dem anderen im Haben gegengebucht wird,
- daß zwei Ebenen von Konten, nämlich die Bestands- und die Erfolgskonten, angesprochen werden,
- und daß der Gewinn somit in doppelter Hinsicht ermittelt wird (einmal über den Betriebsvermögensvergleich in der Bilanz und zum anderen über die Gegenüberstellung von Erlösen und Kosten in der GuV).

Ohne Rücksicht auf das jeweils verwendete Buchführungssystem liegt eine ordnungsgemäß geführte Buchführung erst dann vor, wenn

- alle baren und unbaren Geschäftsvorfälle in einem oder mehreren Grundbüchern fortlaufend und in zeitlicher Reihenfolge erfaßt werden,
- ein Kontokorrentbuch vorhanden ist und auch fortlaufend geführt wird,
- mindestens einmal im Jahr eine körperliche Bestandsaufnahme (Inventur) durchgeführt wird,
- im Falle von Bareinnahmen und Barausgaben ein separates Kassenbuch geführt wird.

Sofern Sie der Verpflichtung zur Führung von Büchern nach dem Handelsgesetzbuch (HGB) unterliegen, kann ich Ihnen nur ans Herz legen, mindestens die genannten vier Punkte zu erfüllen, andernfalls verstoßen Sie gegen die Aufzeichnungspflichten mit der Folge, daß keine ordnungsgemäße Buchführung vorliegt. Da aber die Buchführung u.a. die Grundlage für die Besteuerung bildet, wird das Finanzamt bei Nichtvorhandensein einer solchen die Grundlagen für die Besteuerung notfalls schätzen müssen. Sie können sich sicherlich vorstellen, daß für Sie eine Schätzung seitens des Finanzamtes nur von Nachteil sein kann.

Bevor wir zum nächsten Kapitel kommen, sollten Sie noch wissen, daß Sie sowohl nach Handels- als auch nach Steuerrecht die Verpflichtung haben, Bücher und Aufzeichnungen sowie andere Geschäftspapiere für eine bestimmte Zeit aufzubewahren. So sind Eröffnungsbilanzen, Jahresabschlüsse (Bilanz und GuV-Rechnung), Handelsbücher und Inventare zehn Jahre, Buchungsbelege und sonstige für die Besteuerung wichtige Belege sechs Jahre aufzubewahren. Die Zeitrechnung der Aufbewahrungsfrist beginnt allerdings erst mit Ablauf des Jahres, in dem die letzte Eintragung in das Buch gemacht, das Inventar aufgestellt, der Jahresabschluß festgestellt oder der Buchungsbeleg entstanden ist.

Sie haben als Geschäftsjahr das Kalenderjahr gewählt mit der Folge, daß Sie erst im Jahre 1999 die Buchführung vom Jahr 1998 abschließen und den Jahresabschluß aufstellen können. Nehmen wir an, daß Ihr Jahresabschluß am 31.3.1999 fertig ist, beginnt die Aufbewahrungsfrist vom 31.12.1999 an zu laufen. Da die Aufbewahrungsfrist zehn Jahre beträgt, können Sie diese Unterlagen frühestens am 01.01.2010 vernichten.

Grundsätzlich ist die Speicherung sämtlicher buchungspflichtiger Geschäftsvorfälle auf Datenträgern, z.B. Disketten, erlaubt. Ein solches Vorgehen setzt allerdings voraus, daß die Daten in angemessener Frist lesbar gemacht werden können (die sog. Ausdruckbereitschaft muß sichergestellt sein). Die Lesbarmachung brauchen Sie nicht am Ende eines jeden Jahres vorzunehmen, sondern nur auf ausdrückliches Verlangen seitens des Finanzamtes. Neben den eigentlichen Buchungsbelegen und -unterlagen müssen Sie auch sämtliche Schriftstücke aufbewahren, aus denen die Verfahrensdokumentation hervorgeht.

Das Grundbuch, Hauptbuch und sämtliche Nebenbücher dürfen auf Datenträgern (z.B. Diskette oder Magnetband) aufbewahrt werden. Die Aufbewahrungsfrist beträgt zehn Jahre. Die Bilanz und die Gewinn- und Verlustrechnung müssen hingegen in ausgedruckter Form zehn Jahre aufbewahrt werden.

Mit der Inventur fängt alles an!

Kapitel 3

Gemäß § 240 HGB hat jeder Kaufmann zu Beginn seines Handelsgewerbes seine Grundstücke, seine Forderungen und Schulden, den Betrag seines baren Geldes sowie seine sonstigen Vermögensgegenstände genau zu verzeichnen und dabei den Wert der einzelnen Vermögensgegenstände und Schulden anzugeben.

Ohne eine genaue Bestandsaufnahme des gesamten Vermögens und der Schulden ist weder ein Betriebsvermögensvergleich durchführbar, noch kann der Jahresgewinn ermittelt werden. Jährlich stattfindende Bestandsaufnahmen sind für die vollständige Erfassung und die sachgemäße Bewertung der Wirtschaftsgüter und damit für die steuerrechtliche Gewinnermittlung unentbehrlich. Deshalb schreibt der Gesetzgeber vor, daß ein Kaufmann nicht nur zu Beginn seiner gewerblichen Tätigkeit dazu verpflichtet ist, seine gesamten Vermögensgegenstände und Schulden körperlich festzuhalten (also Inventur zu machen), sondern dies zukünftig auch zum Ende eines jeden Geschäftsjahres vornehmen muß, wobei dessen Dauer zwölf Monate nicht überschreiten darf. Außerdem ist eine Inventur im Falle der Auflösung oder Veräußerung des Unternehmens durchzuführen. Als Inventur bezeichnet man die Aufnahme der einzelnen Vermögenswerte und Schulden zu einem bestimmten Stichtag. Körperlich aufnehmen kann man aber nur das, was man auch mit den Händen anfassen kann, also z.B. Maschinen, Kraftfahrzeuge, Büro- und Geschäftsausstattung, Bargeld in der Kasse, Vorräte usw. Diese Vermögensgegenstände können durch Messen, Wiegen oder Zählen genau erfaßt werden. Wie steht es aber mit den Vermögensgegenständen, die man nicht greifen kann, z.B. Bankguthaben, Darlehensschulden, Forderungen, Wertpapiervermögen usw.? Diese kann man weder wiegen, noch zählen oder messen. Für den Nachweis dieser „unkörperlichen" Vermögensgegenstände reichen in der Regel entsprechende Belege und Unterlagen aus. So lassen sich Bankguthaben und Darlehensschulden durch entsprechende Kontoauszüge der Bank belegen, das Wertpapiervermögen läßt sich durch einen Depotauszug nachweisen, Forderungen und Verbindlichkeiten durch Einholung von Saldenbestätigungen abgleichen.

Die Inventur sollten Sie sehr ernst nehmen, weil sie die eigentliche Grundlage sowohl für das Inventar als auch für die darauf aufbauende Bilanz ist. Sie müssen sich vorstellen, daß etwas erst dann „bewertet", d.h. in Geld ausgedrückt, werden kann, wenn es zuvor als tatsächlich vorhanden festgestellt wurde. Am besten ist es, wenn Sie sich vor der eigentlichen Inventurdurchführung zuerst einmal einen Inventurplan erstellen, der neben der Einholung von Informationen über die körperlich aufzunehmenden Unternehmensbereiche auch Informationen über die Entwicklung einer Strategie, die Einteilung der gesamten Inventurarbeiten in einzelne Komponenten, die Bestimmung von Art und Umfang der vorzunehmenden Inventurhandlungen und den zeitlichen und quantitativen Mitarbeitereinsatz umfassen sollte. Damit haben Sie zumindest einigermaßen sichergestellt, daß die Inventur zum vorgesehenen Zeitpunkt beginnen kann, mit für die jeweiligen Anforderungen entsprechend qualifizierten Mitarbeitern besetzt ist sowie ordnungsgemäß durchgeführt und zeitgerecht abgeschlossen werden kann.

Wichtig ist in diesem Zusammenhang, dafür zu sorgen, daß keine Waren doppelt aufgenommen werden (das kann z.B. dann sehr schnell geschehen, wenn die Vermögensgegenstände nicht in der Reihenfolge ihrer Lagerung aufgenommen werden, sondern eine sogenannte „Sprunginventur" durchgeführt wird) und daß in Ihrem Betrieb befindliche Fremdbestände, z.B. Kommissionsware, als solche besonders gekennzeichnet und nicht inventarisiert werden. Außerdem sind organisatorische Vorbereitungen zu treffen. Es sollten in ausreichender Zahl numerierte Aufnahmeblöcke, Stifte (am besten Kugelschreiber, keine Bleistifte), Klebezettel zur Kennzeichnung des aufgenommenen Materials sowie geeignete Meßgeräte und Waagen zur Verfügung stehen.

In den Inventuraufnahmebögen sollten ausschließlich fortlaufende Eintragungen vorgenommen werden; Leerzeilen sowie freigebliebene Bereiche sind als solche zu markieren. Sämtliche Erfassungsbögen sind vom aufnehmenden Personal eigenhändig zu unterschreiben.

Als sinnvoll hat sich in der Praxis erwiesen, daß bereits bei der körperlichen Bestandsaufnahme sämtliche nicht mehr gängigen, veralteten, falsch dimensionierten, beschädigten, unbrauchbaren oder zu verschrottenden Warenbestände und -vorräte als solche separat in den Aufnahmebögen gekennzeichnet werden.

Sie können sich sicherlich vorstellen, daß es eine Menge Arbeit bedeutet, wenn jedes Jahr sämtliche Vermögensgegenstände und Schulden einzeln aufgenommen werden müssen. Deshalb hat der Gesetzgeber ausschließlich für das **Vorratsvermögen** bestimmte Erleichterungen zugelassen:

Erlaubte Inventurverfahren beim Vorratsvermögen

1. Stichtagsinventur
2. Verlegte Inventur
3. Permanente Inventur
4. Stichprobeninventur mit Hilfe mathematisch-statistischer Methoden

1. Stichtagsinventur

Die Stichtagsinventur wird auch zeitnahe körperliche Bestandsaufnahme genannt. Zeitnah heißt in diesem Zusammenhang, daß die körperliche Bestandsaufnahme nicht genau zum Bilanzstichtag (z.B. 31.12.), sondern zeitnah erfolgen kann, d.h. bis zu zehn Tagen davor oder danach. Ist der 31.12.1999 der Bilanzstichtag, kann die körperliche Bestandsaufnahme in der Zeit vom 21.12.1999 bis 10.01.2000 stattfinden. Finden in der Zeit zwischen Bilanzstichtag und Aufnahmetag noch Zu- oder Abgänge statt, müssen diese auf den Bilanzstichtag anhand von Belegen sowohl mengen- als auch wertmäßig fortgeschrieben oder zurückgerechnet werden.

Am 5.1.2000 ergab die körperliche Bestandsaufnahme, daß sich vom Artikel Y noch insgesamt 170 Stück auf Lager befanden (der Wert beläuft sich auf 170 x 22,50 DM = 3 825 DM). Zwischen dem 31.12.1999 (Bilanzstichtag) und dem 5.1.2000 sind noch 50 Stück vom Artikel Y zu einem Preis von 20,00 DM je Stück bestellt und geliefert worden.

	Lagerbestand am 05.01.2000	170 Stück á 22,50 DM = 3 825 DM
–	Bestellung von	50 Stück á 20,00 DM = 1 000 DM
=	Lagerbestand am 31.12.1999	120 Stück á 23,54 DM = 2 825 DM

2. Verlegte Inventur

Bei der verlegten Inventur können die Vermögensgegenstände sogar in der Zeit zwischen den letzten drei Monaten vor oder den ersten zwei Monaten nach dem Bilanzstichtag aufgenommen werden. Ist dies der 31.12.1999, kann die körperliche Bestandsaufnahme in der Zeit vom 01.10.1999 bis zum

28.02.2000 stattfinden. Finden in der Zeit zwischen Bilanzstichtag und Aufnahmetag noch Zu- oder Abgänge statt, müssen diese auf den Bilanzstichtag nur wertmäßig fortgeschrieben oder zurückgerechnet werden; insofern genügt die Feststellung des Gesamtwertes des Bestands vom Bilanzstichtag. Eine verlegte Inventur kommt allerdings nicht in Betracht, wenn bei den Beständen durch Schwund, Verdunsten, Verderb, leichte Zerbrechlichkeit oder ähnliche betriebliche Vorgänge ins Gewicht fallende nicht kontrollierbare Abgänge eintreten (könnten). Weiterhin darf für Wirtschaftsgüter, die besonders wertvoll sind, keine permanente Inventur durchgeführt werden.

Am 30.11.1999 wurde eine körperliche Bestandsaufnahme durchgeführt. Diese ergab, daß das Vorratsvermögen einen Wert von 100 000 DM aufweist. Im Dezember 1999 wurden bis zum Bilanzstichtag am 31.12.1999 noch neue Waren zu einem Nettobetrag (d.h. ohne Mehrwertsteuer) von 15 000 DM eingekauft und in der gleichen Zeit Fertigerzeugnisse im Gesamt(netto)wert von 39 000 DM verkauft, wobei mit einem Aufschlag von durchschnittlich 30 % zum Einkaufspreis kalkuliert wird.

	Inventurwert am 30.11.1999		100 000 DM
+	Nettowert der Zukäufe im Dezember 1999		15 000 DM
–	Abgänge im Dezember 1999		
	Nettoerlöse	39 000 DM	
	– Rohgewinn (30 % Aufschlag = 23,08 % Abschlag[1])	9 000 DM	30 000 DM
=	Inventurwert am 31.12.1999		85 000 DM

3. Permanente Inventur

Werden Art und Menge eines Artikels buchmäßig z.B. in einer Lagerkartei erfaßt, kann der Bestand dieses Artikels für die Inventur aus den Buchungsunterlagen zum Bilanzstichtag herangezogen werden. Dazu ist es aber erforderlich, daß separat für jeden Artikel sämtliche Mengenbewegungen (d.h. Zu- und Abgänge) fortlaufend und vollständig erfaßt werden und mindestens einmal im Geschäftsjahr eine Gegenüberstellung des Buchbestandes mit dem tatsächlichen Istbestand stattfindet. Die permanente Inventur eignet sich vor allem für solche Unternehmen, die nicht sämtliche Artikel an einem einzigen Tag aufnehmen, sondern die körperliche Bestandsaufnahme auf das gesamte Geschäftsjahr verteilen möchten. Wichtig ist nur, daß sämtliche Artikel wenigstens einmal im Jahr körperlich aufgenommen werden und der Istbestand

[1] Bei einem 30 %igen Aufschlagssatz zum Einkaufspreis müssen die Nettoerlöse 130 % betragen. Bezieht man die 30 % auf 130 %, so erhält man einen gleichbedeutenden Abschlag von 23,08 %.

dem Buchbestand entsprechend angepaßt wird. Ebenso wie bei der verlegten Inventur ist eine permanente Inventur nicht zulässig bei Beständen, bei denen durch Schwund, Verdunsten, Verderb, leichte Zerbrechlichkeit oder ähnliche betriebliche Vorgänge ins Gewicht fallende nicht kontrollierbare Abgänge eintreten (könnten), es sei denn, daß diese Abgänge aufgrund von Erfahrungssätzen schätzungsweise annähernd genau berücksichtigt werden können. Weiterhin darf keine permanente Inventur bei besonders wertvollen Wirtschaftsgütern durchgeführt werden.

Kapitel 4

Von der Inventur über das Inventar zur ersten Bilanz

Die Überleitung von der Inventur zum Inventar erfolgt durch Eintragung in ein besonderes Verzeichnis, das Inventar (wird auch häufig Bestandsverzeichnis genannt). Dieses erfaßt somit jeden tatsächlich vorhandenen Vermögens- und Schuldposten eines Unternehmens nach Art, Menge und Wert zum Abschlußstichtag. Das Inventar dient in erster Linie zur Ermittlung des Eigenkapitals, das auch Betriebsvermögen genannt wird. Zu dessen Ermittlung ist es erforderlich, die Schulden vom gesamten Vermögensbestand zu subtrahieren. Die Inventur ist demnach die Tätigkeit, durch die die Vermögensgegenstände und Schulden im einzelnen körperlich aufgenommen werden, das Inventar stellt das Verzeichnis über das Ergebnis der Inventur dar.

	Summe der Vermögensposten
–	Summe der Schulden
=	Eigenkapital

Damit die Vermögens- und Schuldposten für jeden Außenstehenden nachvollziehbar sind, werden sämtliche im Inventar zu verzeichnenden Posten zuerst in eine gewisse Ordnung gebracht. Das Vermögen wird vorrangig in Anlage- und Umlaufvermögen unterteilt, die Schulden in lang- und kurzfristige Schulden.

A. Vermögen

I. Anlagevermögen
alle Vermögensteile, die dazu bestimmt sind, langfristig im Unternehmen zu verbleiben

II. Umlaufvermögen
sämtliche Vermögensgegenstände, die nur kurzfristig im Unternehmen verbleiben

B. Schulden

I. Lang- und mittelfristige Schulden
alle Schulden mit einer Restlaufzeit von mehr als einem Jahr

II. kurzfristige Schulden
alle Schulden mit einer Restlaufzeit von bis zu einem Jahr.

Die Unterscheidung in Anlage- oder Umlaufvermögen kann dadurch vorgenommen werden, daß man sich bei jedem einzelnen Vermögensposten die Frage stellt: „Ist der Vermögensgegenstand dazu bestimmt, meinem Unternehmen langfristig (d.h. länger als ein Jahr) zu dienen?" Immer dann, wenn ein Vermögensgegenstand im Unternehmen länger als ein Jahr verbleiben soll, ist dieser dem Anlagevermögen zugehörig, ansonsten dem Umlaufvermögen. Innerhalb des Anlage- und Umlaufvermögens selbst werden die einzelnen Vermögensgegenstände nochmals nach dem „Grad der Verflüssigungsmöglichkeit" unterteilt, also danach, wie schnell sie zu Geld gemacht werden können.

Zum **Anlagevermögen** gehören:

- Grundstücke
- Geschäftsgebäude
- Fabrikationsgebäude
- Lagerhallen
- Produktionsmaschinen
- Fahrzeuge
- Betriebs- und Geschäftsausstattung (z.B. Schreibtisch, Computer, usw.)
- Wertpapiere zum langfristigen Verbleib

zum **Umlaufvermögen** gehören:

- Roh-, Hilfs- und Betriebsstoffe
- Unfertige Erzeugnisse
- Fertigerzeugnisse
- Kundenforderungen
- Wertpapiere zum kurzfristigen Verbleib
- Bankguthaben
- Bargeldbestand

Langfristige Schulden stellen in der Regel nur Hypotheken-, Grund- und Darlehensschulden dar. Lieferantenschulden, Bankschulden und Schulden gegenüber dem Finanzamt zählen zu den kurzfristigen Schuldposten. Die Klassifizierung der Schulden erfolgt somit nach dem Fälligkeitskriterium. Die Schulden, die zeitlich am nächsten fällig sind, werden im Inventar demnach zuletzt aufgeführt.

Sie sollten darauf achten, Ihr Inventar so anzulegen, daß eine Überprüfung der Mengen und der angesetzten Werte jederzeit möglich ist. Dazu ist es erforderlich, daß über jeden einzelnen Posten im Bestandsverzeichnis folgende Angaben enthalten sind:

- Die Menge nach Maß, Zahl oder Gewicht
- Eine allgemein verständliche Bezeichnung der Vorräte (Art, Artikelnummer, Größe)
- Der Wert der Maßeinheit
- Der Gesamtwert der jeweiligen Vorräte unter Berücksichtigung der Menge
- Die Gesamtsumme des Wertes des gesamten Vorratsbestandes

Beispiel für die Aufstellung eines Inventars:

Inventar der Firma Lutz Hastig, Aldenhoven, zum 31.12.1999		
A. Vermögen	**DM**	**DM**
I. Anlagevermögen		
1. Grundstück, Aachenerstr. 111		
Grund und Boden	56 180,00	
Bürogebäude für die Verwaltung	300 000,00	
Produktionsgebäude	210 000,00	
Lagerhalle	26 730,00	
Garagen für die LKWs	15 800,00	608 710,00
2. Maschinen gem. Anlageverzeichnis 1		230 130,00
3. Fuhrpark gem. Anlageverzeichnis 2		85 700,00
4. Betriebs- u. Geschäftsausst. gem. AV 3		380 900,00
II. Umlaufvermögen		
1. Vorräte gem. Inventurliste 4		40 000,00
2. Kundenforderungen		
Fa. Lustig, Euskirchen	20 000,00	
Fa. Ehrlich, Köln	15 000,00	
Fa. Geizig, Amsterdam	8 500,00	43 500,00
3. Bargeldbestand gem. Kassenprotokoll 1		2 300,17
4. Bankguthaben		
Deutsche Bank, Aldenhoven	230,85	
Sparkasse, Aldenhoven	5 612,78	
Postgirokonto, Köln	2 533,60	8 377,23
Summe des Vermögens		1 399 617,40
B. Schulden		
I. Langfristige Schulden		
1. Grundschuld der Sparkasse Aldenhoven	180 000,00	
2. Grundschuld der Deutschen Bank, Aachen	150 000,00	330 000,00
II. Kurzfristige Schulden		
1. Bankschulden Commerzbank, Aachen		127 242,40

2. Lieferantenschulden		
Fa. Schnell, Aachen	50 000,00	
Fa. Langsam, Köln	38 500,00	
Fa. Eilig, Aldenhoven	25 875,00	114 375,00
3. Umsatzsteuerschuld, Finanzamt Düren für Dezember 1999		3 000,00
Summe der Schulden		574 617,40
C. Eigenkapital		
Summe des Vermögens		1 399 617,40
– Summe der Schulden		574 617,40
Eigenkapital (Reinvermögen)		825 000,00

Bei der Inventur werden die Vermögens- und Schuldposten durch zählen, messen oder wiegen nur körperlich aufgenommen. Beim Inventar werden diese aufgenommenen Gegenstände bewertet, d.h. in Geld ausgedrückt. Anhaltspunkte für die preisliche Bewertung ergeben sich aus Eingangsrechnungen, Preislisten oder Auftragsbestätigungen. Bei hochwertigen oder starken Preisschwankungen unterliegenden Materialien empfiehlt es sich, zusätzliche Informationen einzuholen (z.B. von Warenbörsen oder von der Industrie- und Handelskammer). Bei wegen Überalterung oder Beschädigungen nicht mehr voll verwertbaren Vorratsbeständen sollten Sie Risiko- bzw. Wertabschläge in Betracht ziehen.

Besondere Aufmerksamkeit verdient folgendes in der Praxis häufig vorzufindendes Problem: die periodengleiche Erfassung der Vorräte und der Forderungen und Verbindlichkeiten. Unterlaufen Ihnen hierbei Fehler, so führt dies zu einer fehlerhaften Periodenabgrenzung mit der Folge, daß Forderungen und Verbindlichkeiten unvollständig erfaßt sind und das Eigenkapital falsch ausgewiesen wird.

In diesem Zusammenhang können folgende Fehler auftreten:

1. Verkaufsfertige Ware ist bereits als Forderung gebucht, obwohl sie Ihr Lager noch nicht verlassen hat und demzufolge mit inventarisiert wurde. Dieselbe Ware wurde also doppelt aktiviert (einmal als Forderung aus Lieferungen und Leistungen und zum anderen als Vorräte), und somit fällt das **Ergebnis** insgesamt **zu hoch** aus.
2. Es kann aber auch der umgekehrte Fall eintreten. Die Ware wurde vor dem Inventurzeitpunkt ausgeliefert, jedoch ist wegen fehlender Rechnungsschreibung noch keine Forderung gebucht. Das **Ergebnis** fällt **zu niedrig** aus.
3. Ist eine eingegangene Lieferantenrechnung im abgelaufenen Wirtschaftsjahr gebucht worden, obwohl die Ware erst im neuen Wirtschaftsjahr bei Ihnen eintrifft, so steht der Verbindlichkeit kein Aktivposten gegenüber – mit der Folge, daß das **Ergebnis zu niedrig** ausfällt.

4. Ist die gekaufte Ware bereits durch die Inventur erfaßt, aber wegen fehlender Rechnungsvorlage die Verbindlichkeit noch nicht passiviert, so ist diese nicht vollständig ausgewiesen und das **Ergebnis** ist zu **hoch**.

Speziell bei den unfertigen Erzeugnissen, die in den Bereich des Vorratsvermögens (Umlaufvermögen) gehören, kann die für die Bewertung bedeutsame Schätzung des Fertigungsgrades zu großen Schwierigkeiten führen. Voraussetzung für die richtige Bewertung ist eine funktionierende Kostenrechnung, die die Einzelkosten verursachungsgerecht und die Gemeinkosten mittels bestimmter Schlüsselumlagen über den Betriebsabrechnungsbogen auf die Kostenträger verrechnet. Bei der Bilanzierung ist allerdings darauf zu achten, daß alle kalkulatorischen Kosten – wie kalkulatorische Miete, kalkulatorischer Unternehmerlohn usw. – Kostenüber- und Kostenunterdeckungen sowie etwaige Vertriebskosten nicht in die Herstellungskosten einbezogen werden. Näheres hierzu findet sich in einem im gleichen Verlag erschienenen Buch: „Professionelle Kostenrechnung und Kalkulation im Kleinbetrieb".

Wie Sie gesehen haben, sind im Inventar sämtliche Vermögensgegenstände und Schulden einzeln nach Art, Menge und Wert erfaßt. Bei größeren Unternehmen kann dabei die Übersichtlichkeit sehr schnell verloren gehen, z.B. bei einem großen Maschinenpark. Deshalb gilt:

> Gemäß § 241 HGB muß jeder Kaufmann zu Beginn seines Handelsgewerbes und für den Schluß eines jeden Geschäftsjahrs einen das Verhältnis seines Vermögens und seiner Schulden darstellenden Abschluß (Eröffnungsbilanz, Bilanz) aufstellen.

Die Bilanz übernimmt im wesentlichen sämtliche relevanten Daten aus dem zuvor erstellten Inventar und stellt insoweit eine gekürzte Form dar, wobei die Zahlen einer Bilanz nicht untereinander, sondern nebeneinander geschrieben werden. Das zuvor aufgestellte Inventar sieht dabei folgendermaßen aus:

Aktiva	**Bilanz zum 31.12.1999**		**Passiva**
I. Anlagevermögen		I. Eigenkapital	825 000,00
1. Grundstücke und Gebäude	608 710,00		
2. Maschinen	230 130,00	II. Fremdkapital	
3. Fuhrpark	85 700,00	1. Verbindlichkeiten gegenüber Kreditinstituten	457 242,40
4. Betriebs- und Geschäftsausstattung	380 900,00	2. Verbindlichkeiten aus Lieferungen und Leistungen	114 375,00
II. Umlaufvermögen	40 000,00	3. Sonstige Verbindlichkeiten	3 000.00
1. Vorräte			
2. Forderungen aus Lieferungen und Leistungen	43 500,00		
3. Kasse	2 300,17		
4. Bank	8 377,23		
	1 399 617,40		1 399 617,40

Aldenhoven, 31.12.1999 Lutz Hastig

Kurze Erläuterungen zum Umgang mit einer Bilanz:

Aktiva	**Bilanz zum 31.12.1999** **Passiva**
I. Anlagevermögen	I. Eigenkapital
II. Umlaufvermögen	II. Fremdkapital

linke Seite =	rechte Seite =
Mittelverwendung	**Mittelherkunft**
♦ Vermögensformen	♦ Vermögensquellen
♦ Aktiva	♦ Passiva
♦ Anlage- und	♦ Eigen- und
♦ Umlaufvermögen	♦ Fremdkapital
♦ Gliederung nach der Verflüssigungsmöglichkeit	♦ Gliederung nach der Fälligkeit

Das Eigenkapital spiegelt immer die Differenz sämtlicher Aktivawerte (auf der linken Seite der Bilanz) und des Fremdkapitals (auf der rechten Seite) wieder. Aus diesem Grunde weisen beide Seiten immer dieselbe Summe aus. Deshalb heißt die Bilanz auch Bilanz, weil dieser Ausdruck vom italienischen „il bilancia“: „die Waage“ abgeleitet ist. Dabei steht das Symbol der Waage dafür, daß beide Bilanzseiten gleich hoch sind. Die „Ausgleichsposition” Eigenkapital entspricht immer dem Betriebsvermögen, das für die steuerliche Gewinnermittlung herangezogen wird (vgl. Gliederungspunkt 2.). Spricht man von Aktiva (linke Seite der Bilanz), so ist damit immer das Anlage- und Umlaufvermögen gemeint. Spricht man von Passiva (rechte Seite der Bilanz), so ist das Eigen- oder Fremdkapital betroffen. Einen Posten aktivieren heißt, ihn auf die Aktivseite, einen Posten passivieren, ihn auf die Passivseite der Bilanz zu setzen. Die Bilanz gibt dem Leser sofort einen Überblick darüber, aus welchen Quellen das Kapital stammt und in welche Vermögensgegenstände es investiert worden ist. Die Quellen des Kapitals nennt man auch Mittelherkunft (Eigen- und Fremdkapital), seine Verwendung und Anlagemöglichkeiten werden auch als Mittelverwendung (Anlage- und Umlaufvermögen) bezeichnet.

Auf der Aktivseite werden die einzelnen Bilanzpositionen danach unterschieden, wie schnell sie „zu Geld gemacht” werden können. Daß das Bankguthaben und der Kassenbestand schneller verflüssigt werden können als z.B. Forderungen oder der Maschinenpark, leuchtet eigentlich jedem ein. Aus diesem Grund werden die Geldmittel und geldähnlichen Mittel in der Bilanz immer zuletzt aufgeführt, die Vermögensgegenstände, die am schwierigsten in Geld umgewandelt werden können, dagegen zuerst. Das Finden eines Käufers für ein Grundstück nimmt sicherlich längere Zeit in Anspruch als den passenden Käufer für Ihr Vorratsvermögen zu finden. Eigentlich hätte man auf der Aktivseite ohne weitere Unterteilung alle Bilanzpositionen chronologisch untereinanderschreiben können. Das hat man aber nicht getan, und zwar aus folgendem Grund: Die gesamte Mittelverwendung wird nochmals danach unterschieden, ob die Vermögensgegenstände dauernd (d.h. für länger) oder für kürzere Zeit im Unternehmen verbleiben. Sämtliche Vermögensgegenstände, die eine gewöhnliche Nutzungsdauer von mehr als einem Kalenderjahr aufweisen, werden dem Anlagevermögen zugerechnet, alle übrigen dem Umlaufvermögen.

Bei der Mittelherkunft werden ähnliche Überlegungen angestellt. Das Eigen- und Fremdkapital wird nach der Fälligkeit insofern gegliedert, als das Kapital, welches am längsten im Unternehmen verbleibt (nämlich das Eigenkapital), zuerst aufgeführt wird, das, was in kürzester Zeit fällig wird (also zurückgezahlt werden muß), zuletzt in der Bilanz erscheint. Kurzfristige Verbindlichkeiten (z.B. sonstige Verbindlichkeiten sowie Verbindlichkeiten aus Lieferungen und Leistungen) weisen eine kürzere Fälligkeit auf als beispielsweise über mehrere Jahre laufende Bankdarlehen. Dabei üben die Verbindlichkeiten gegenüber Kreditinstituten eine gewisse „Doppelfunktion” aus. In ihnen sind sowohl kurzfristige (z.B. Kontokorrentschulden also Bankschulden) als auch langfristige Fälligkeitsbeträge (mit Grundschulden abgesicherte Darlehen) in einer Summe zusammengefaßt.

Zusammenfassung:

Die körperliche Aufnahme aller Vermögensgegenstände und Schulden (Inventur) bildet die Basis für die Aufstellung eines Inventars. Auf das Inventar wiederum baut die Bilanz auf. Diese stellt eine „abgespeckte" Version des Inventars dar. Sowohl Inventar als auch Bilanz sind betragsmäßig deckungsgleich, sie unterscheiden sich lediglich in ihrer Darstellungsform und Aussagekraft. Hauptanliegen einer Bilanz ist es, ihren Leser möglichst vollständig, übersichtlich und nach einheitlichen Gliederungsgrundsätzen über die Vermögenszusammensetzung und den Kapitalaufbau zu unterrichten. Dafür ist es wichtig, daß sie klar, übersichtlich und einheitlich gegliedert ist, um sowohl einen Zeitvergleich (Vergleich zweier Geschäftsjahre eines Unternehmens) als auch einen Betriebsvergleich (Vergleich zweier Unternehmen eines Geschäftsjahres) vornehmen zu können.

Inventar	**Bilanz**
♦ Separate Darstellung aller Vermögens- und Schuldpositionen	♦ Zusammenfassung zu einzelnen Bilanzpositionen
♦ Genaue Aufzeichnungen bezüglich Mengen, Einzel- und Gesamtwerten	♦ Nur Gesamtwerte werden ausgewiesen
♦ Darstellung erfolgt untereinander (Staffelform)	♦ Darstellung erfolgt nebeneinander (Kontenform)

Genau wie das Inventar innerhalb eines Geschäftsjahres (mit höchstens zwölf Kalendermonaten Laufzeit) einmal erstellt werden muß, muß auch die Bilanz innerhalb der einem ordnungsgemäßigen Geschäftsgang entsprechenden Zeit aufgestellt werden. Für steuerliche Zwecke ist es durchaus ausreichend, wenn sie innerhalb von sechs bis sieben Monaten nach dem Stichtag fertiggestellt ist, allerdings spätestens innerhalb eines Jahres danach, da ansonsten die Grundsätze ordnungsmäßiger Buchführung nicht mehr gewahrt sind.

Zum Schluß eine Mustervorlage, wie eine Bilanz aussehen sollte (die dabei vorgenommene Untergliederung gilt für große Kapitalgesellschaften, kann aber auch von kleineren Nichtkapitalgesellschaften verwendet werden). Die Bilanzpositionen, die Sie in Ihrem Unternehmen nicht benötigen, streichen Sie einfach und halten dabei die Numerierung entsprechend der Musterbilanz bei.

Aktiva **Bilanz** **Passiva**

Aktiva

A. Anlagevermögen:

I. Immaterielle Vermögensgegenstände:
1. Konzessionen, gewerbliche Schutzrechte und ähnliche Rechte und Werte sowie Lizenzen an solchen Rechten u. Werten;
2. Geschäfts- und Firmenwert;
3. geleistete Anzahlungen.

II. Sachanlagen:
1. Grundstücke, grundstücksgleiche Rechte und Bauten einschließlich der Bauten auf fremden Grundstücken;
2. technische Anlagen und Maschinen;
3. andere Anlagen, Betriebs- und Geschäftsausstattung;
4. geleistete Anzahlungen und Anlagen im Bau.

III. Finanzanlagen:
1. Anteile an verbundenen Unternehmen;
2. Ausleihungen an verbundene Unternehmen;
3. Beteiligungen;
4. Ausleihungen an Unternehmen, mit denen ein Beteiligungsverhältnis besteht;
5. Wertpapiere des Anlagevermögens;
6. sonstige Ausleihungen.

B. Umlaufvermögen:

I. Vorräte:
1. Roh- Hilfs- und Betriebsstoffe;
2. unfertige Erzeugnisse, unfertige Leistungen;
3. fertige Erzeugnisse und Waren;
4. geleistete Anzahlungen.

Passiva

A. Eigenkapital:

I. Gezeichnetes Kapital;

II. Kapitalrücklage;

III. Gewinnrücklage;
1. gesetzliche Rücklagen;
2. Rücklage für eigene Anteile;
3. satzungsmäßige Rücklagen;
4. andere Gewinnrücklagen.

IV. Gewinnvortrag/Verlustvortrag;

V. Jahresüberschuß/Jahresfehlbetrag.

B. Rückstellungen:
1. Rückstellungen für Pensionen und ähnliche Verpflichtungen;
2. Steuerrückstellungen;
3. sonstige Rückstellungen.

C. Verbindlichkeiten:
1. Anleihen, davon konvertibel;
2. Verbindlichkeiten gegenüber Kreditinstituten;
3. erhaltene Anzahlungen auf Bestellungen;
4. Verbindlichkeiten aus Lieferungen und Leistungen;
5. Verbindlichkeiten aus der Annahme gezogener Wechsel und der Ausstellung eigener Wechsel;
6. Verbindlichkeiten gegenüber verbundenen Unternehmen;
7. Verbindlichkeiten gegenüber Unternehmen, mit denen ein Beteiligungsverhältnis besteht;
8. sonstige Verbindlichkeiten, davon aus Steuern, davon im Rahmen der sozialen Sicherheit.

Aktiva	**Bilanz** **Passiva**
II. Forderungen und sonstige Vermögensgegenstände: 1. Forderungen aus Lieferungen und Leistungen; 2. Forderungen gegen verbundene Unternehmen; 3. Forderungen gegen Unternehmen, mit denen ein Beteiligungsverhältnis besteht; 4. sonstige Vermögensgegenstände. III. Wertpapiere: 1. Anteile an verbundenen Unternehmen; 2. eigene Anteile; 3. sonstige Wertpapiere. IV. Schecks, Kassenbestand, Bundesbank- und Postgiroguthaben, Guthaben bei Kreditinstituten. C. Rechnungsabgrenzungsposten	D. Rechnungsabgrenzungsposten

Kapitel 5

Wie geht es weiter – Auflösung der Bilanz in verschiedene Konten

Theoretisch müßten Sie nach jedem Geschäftsvorfall eine neue Bilanz erstellen. Das ist aber in der Praxis wegen des hohen Zeitaufwandes nahezu unmöglich. Um jedoch sämtliche Veränderungen der Bilanz erfassen zu können, wird die zu Beginn des Jahres aufgestellte Eröffnungsbilanz „auseinandergezogen". Eine sachliche Änderung tritt dadurch nicht ein; die Bilanz erhält nur ein anderes Erscheinungsbild. Durch das Auseinanderziehen der Bilanz wird es möglich, jeden Posten einzeln zu führen und auch separat abzurechnen. Die Abrechnung erfolgt durch Saldierung von Eröffnungsbestand plus Zugänge minus Abgänge. Somit wird jeder einzelne Bilanzposten für sich (getrennt von den anderen Posten) buchmäßig fortgeführt. Dabei ist es am zwecksmäßigsten, jeden Posten in Analogie zur Eröffnungsbilanz in Kontenform weiterzuführen. Somit stellt in der doppelten Buchführung das Konto die eigentliche Verrechnungsform für die Buchung der Geschäftsvorfälle im Hauptbuch dar. Genau wie bei der Bilanz werden auf den jeweiligen „Unterkonten" die Zu- und Abgänge auf zwei verschiedenen Kontenseiten nebeneinander dargestellt. In der Fachsprache bezeichnet man dabei die linke Seite „Sollseite" und die rechte „Habenseite".

Soll	**Kassenkonto**		**Haben**
1.1 AB	3 500	2.1 Ausgabe	500
2.1 Bareinnahme	2 500	4.1 Ausgabe	1 800
3.1 Bareinnahme	2 000	4.1 Privatentnahme	2 950

Was bei dieser Darstellungsform sofort ins Auge fällt, ist, daß die Zugänge getrennt von den Abgängen erfaßt und dokumentiert werden. Die äußere Form des Kontos lehnt sich stark an die Form der Schlußbilanz an. Genau wie bei der Gewinnermittlung in der Schlußbilanz wird auch bei allen Unterkonten die kleinere von der größeren Seite abgezogen, um den Saldo des entsprechenden Kontos zu ermitteln. Erst durch den Saldo werden nämlich Soll- und Habenseite betragsmäßig wieder gleich groß und halten sich damit die Waage. Das Konto wird durch den Saldo abgeschlossen, d.h. durch den Unterschiedsbetrag zwischen den beiden Seiten des Kontos, der zum Ausgleich auf der kleineren Seite eingesetzt wird. Dabei bedeutet „saldieren" immer die Ermittlung des Unterschieds zwischen der Soll- und der Habenseite.

Auf unser obiges Beispiel bezogen bedeutet das:

Soll	**Kassenkonto**		**Haben**
1.1 AB	3 500	2.1 Ausgabe	500
2.1 Bareinnahme	2 500	4.1 Ausgabe	1 800
3.1 Bareinnahme	2 000	4.1 Privatentnahme	2 950
Summe	8 000	Summe	5 250

Der Saldo des Kassenkontos beträgt in unserem Beispiel 2 750 DM (8 000 DM – 5 250 DM). Der Saldo macht beide Seiten betragsmäßig wieder identisch; deshalb muß er hier auf der Habenseite stehen.

Wie aber geht man bei der Auflösung der Bilanz in verschiedene Unterkonten am besten vor?

Dazu ein **Beispiel**:

Aktiva	**Bilanz zum 31.12.1999**		**Passiva**
A. Anlagevermögen		A. Eigenkapital	250 000
Immat. Vermögensgegenstände	100 000	B. Fremdkapital	
Maschinen	180 000	Verbindlichkeiten gegenüber Kreditinstituten	95 800
Betriebs- und Geschäftsausstattung	55 000	Verbindlichkeiten aus Lieferungen und Leistungen	150 000
B. Umlaufvermögen			
Vorräte	20 000		
Forderungen aus Lieferungen und Leistungen	135 000		
Bankguthaben	5 800		
	495 800		495 800

Diese Schlußbilanz zum 31.12.1999 muß Anfang des Jahres 2000 wieder in verschiedene Konten „zerlegt" werden. Das erfolgt einfach durch Übernahme der Bilanzwerte auf die zuvor entsprechend eingerichteten Konten.

1. Schritt: Anlegen aller erforderlichen Konten
2. Schritt: Übernahme des Bilanzwertes in das jeweilige Konto
3. Schritt: Kontrolle, ob alle Werte im Soll betragsmäßig mit allen Werten im Haben übereinstimmen

1. Schritt: Anlegen aller erforderlichen Konten:

Ähnlich wie die Schlußbilanz eröffnen Sie genausoviel leere Konten, wie die Bilanz Positionen enthält, in unserem Beispiel also neun Konten. (Für Konten, die erst im Laufe des Geschäftsjahres hinzukommen, brauchen Sie zu Beginn des Jahres kein Konto einzurichten.) Diese kennzeichnen Sie auf der linken Seite mit einem S für Soll und auf der rechten Seite mit einem H für Haben und beschriften Sie entsprechend den einzelnen Bilanzpositionen in der Schlußbilanz zum 31.12.1999 wie folgt:

Soll	Immat. VG	Haben

Soll	Maschinen	Haben

Soll	B + G Ausstattung	Haben

Soll	Vorräte	Haben

Soll	Forderungen	Haben

Soll	Bank	Haben

Soll	Eigenkapital	Haben

Soll	Bankverbindlichk.	Haben

Soll	Lieferantenverb.	Haben

2. Schritt Übernahme des Bilanzwertes in das jeweilige Konto.

Die Buchstabenkombination AB (steht als Abkürzung für Anfangsbestand) signalisiert, daß auch tatsächlich nur der Wert der letzten Bilanz auf das jeweilige Konto als Anfangsbestand zu Beginn des Jahres übernommen wird:

Soll	Immat. VG	Haben
AB 100 000		

Soll	Maschinen	Haben
AB 180 000		

Soll	B + G Ausstattung	Haben
AB 55 000		

Soll	Vorräte	Haben
AB 20 000		

Soll	Forderungen	Haben
AB 135 000		

Soll	Bank	Haben
AB 5 800		

Soll	Eigenkapital	Haben
		AB 250 000

Soll	Bankverbindlichk.	Haben
		AB 95 800

Soll	Lieferantenverb.	Haben
		AB 150 000

3. Schritt: Kontrolle, ob alle Werte im Soll betragsmäßig mit allen Werten im Haben übereinstimmen.

Konto	Betrag	Soll	Haben
imm. Vermögensgegenstände	100 000	100 000	
Maschinen	180 000	180 000	
Betriebs- u. Geschäftsausst.	55 000	55 000	
Vorräte	20 000	20 000	
Forderungen	135 000	135 000	
Bank	5 800	5 800	
Eigenkapital	250 000		250 000
Bankverbindlichkeiten	95 800		95 800
Lieferantenverbindlichkeiten	150 000		150 000
Summe		495 800	495 800

Im Ergebnis stellt damit die gesamte Buchführung mit ihren Konten eine „zerlegte Bilanz" dar.

Die bisher durchgeführte Auffächerung der Bilanz in verschiedene Konten findet ausschließlich auf der Sachkontenebene statt. Die Sachkonten machen den zentralen Kern der gesamten Buchführung aus. Gebucht wird auf den Sachkonten ausschließlich nach sachlichen Gesichtspunkten. Neben der bisher vorgestellten Sachkontengliederung haben Sie in der Buchführung die Möglichkeit, einzelne Sachkonten noch weiter zu unterteilen, z.B. nach Forderungen aus Lieferungen und Leistungen, Verbindlichkeiten aus Lieferungen und Leistungen oder Eigenkapital (dazu in Kapitel 8 mehr).

Richten wir unsere Aufmerksamkeit einmal ausschließlich auf die Forderungen und Verbindlichkeiten aus Lieferungen und Leistungen.

Aktiva	Bilanz zum 31.12.1999		Passiva
... Forderungen aus Lieferungen und Leistungen	135 000	... Verbindlichkeiten aus Lieferungen und Leistungen	150 000

Haben Sie einen ständigen Überblick darüber, aus wieviel Einzelbeträgen sich der jeweilige Bilanzbetrag zusammensetzt? Können Sie jederzeit und fehlerfrei Auskunft darüber geben, welche Kunden welche Rechnungsbeträge noch nicht bezahlt haben bzw. mit welchen Beträgen Sie bei Ihren einzelnen Lieferanten in der Kreide stehen?

Sollten Sie nur wenige Geschäftsvorgänge auf Ziel abwickeln, haben Sie in der Regel nur wenige Geldbeträge offenstehen. Nimmt aber der Ein- und Verkauf auf Ziel an Umfang zu, lohnt es sich, für den einzelnen Kunden und

Lieferanten in Ihrer Buchführung ein separates Unterkonto anzulegen. Dabei werden sämtliche Kundenkonten zum Bilanzkonto „Forderungen aus Lieferungen und Leistungen" und alle Lieferantenkonten zum Bilanzkonto „Verbindlichkeiten aus Lieferungen und Leistungen" zusammengefaßt.

Der Gesamtbetrag Ihrer Forderungen aus Lieferungen und Leistungen in Höhe von 135 000 DM teilt sich auf fünf verschiedene Kunden wie folgt auf:

Kunde Emil Maier, Aachen	35 000 DM
Kunde Anton Knabenbrink, Bremen	18 000 DM
Kunde Erich Schussel, Hamburg	27 000 DM
Kunde Lotte Schaf, Heinsberg	25 000 DM
Kunde Kurt Kurz, Mainz	30 000 DM

Verbindlichkeiten aus Lieferungen und Leistungen haben Sie am 31.12.1999 noch gegenüber drei Lieferanten:

Lieferant Daniel Düsentrieb, Steinfurt	50 000 DM
Lieferant Stefan Schnecke, Erfurt	66 000 DM
Lieferant Gottfried Gastreich, Gelsenkirchen	34 000 DM

Bei der Anlage der Konten haben Sie auch die Möglichkeit, statt eines einzigen Sachkontos „Forderungen aus Lieferungen und Leistungen" mit dem Gesamtbetrag von 135 000 DM fünf verschiedene Personenkonten mit dem jeweiligen Kundennamen und Beträgen anzulegen. Das könnte dann wie folgt aussehen:

Soll	**Emil Maier**	**Haben**
AB	35 000	

Soll	**Anton Knabenbrink**	**Haben**
AB	18 000	

Soll	**Erich Schussel**	**Haben**
AB	27 000	

Soll	**Lotte Schaf**	**Haben**
AB	25 000	

Soll	Kurt Kurz		Haben
AB	30 000		

Ebenso können Sie bei den Verbindlichkeiten aus Lieferungen und Leistungen verfahren:

Soll	Daniel Düsentrieb		Haben
		AB	50 000

Soll	Stefan Schnecke		Haben
		AB	66 000

Soll	Gottfried Gastreich		Haben
		AB	34 000

Bei der Auflösung der Bilanz in verschiedene „Unterkonten" haben Sie sicher bemerkt, daß verschiedene Konten ihren Anfangsbestand im Soll haben und andere im Haben.

Die Konten, die in der Bilanz links, also auf der Aktivseite, stehen, weisen ihren Anfangsbestand im jeweiligen Konto ebenfalls links, also im Soll, aus. In der Bilanz rechts stehende Konten (Passivkonten) haben ihren Anfangsbestand auf der Habenseite. Was in der Bilanz „Aktiva" heißt, nennt sich auf der Kontenebene „Sollseite", entsprechend wird aus „Passiva" in der Bilanz die „Habenseite" im Konto.

Gemeinsam haben jedoch alle Konten, daß sie Anfangsbestandswerte von der letzten Bilanz übernehmen. Deshalb heißen sie auch Bestandskonten. So bezeichnet man allgemein die Konten, die die Bestände der letzten Schlußbilanz übernehmen, über ihre weitere Entwicklung abrechnen und bei denen der Kontensaldo (Buchbestand) bei richtiger Erfassung aller Geschäftsvorfälle mit dem tatsächlichen Bestand übereinstimmt. Die Bestandskonten lassen sich nochmals in Aktiv- und Passivkonten (Vermögens- und Kapitalkonten) unterscheiden.

Auf den **aktiven Bestandskonten** werden die Vermögenswerte einzeln abgerechnet. In Analogie zur Bilanz werden die Vermögenswerte auch auf dem dafür eingerichteten Konto aus seiner Sollseite (linke Kontenseite) vorgetragen. Vermögensmehrungen stellen Zugänge dar und werden dem Anfangsbestand hinzugerechnet. Deshalb erscheinen sie ebenfalls auf der linken Sollseite. Im Gegensatz dazu stellen Abgänge Vermögensminderungen dar, die auf der rechten Habenseite erfaßt werden müssen. Somit kann der einzelne Kontenbestand jederzeit durch Saldierung der Soll- und Habenseite ermittelt werden.

Bei Aktivkonten steht der Anfangsbestand immer auf der Sollseite. Zugänge werden im Soll und Abgänge im Haben erfaßt und gebucht. Der Endbestand ergibt sich als Unterschiedsbetrag der Soll- und Habenseite und steht in den meisten Fällen im Haben.

Soll	Aktivkonto	Haben
Anfangsbestand		Abgänge
Zugänge		Endbestand

Werden die Vermögenswerte von der linken Bilanzseite als Anfangsbestand auf die linke Seite des jeweiligen Kontos vorgetragen, so muß entsprechend der Bilanz bei Passivkonten der Anfangsbestand auf der rechten Seite (Habenseite) des jeweiligen Kontos stehen. Das hat zur Folge, daß bei **passiven Bestandskonten** die Zugänge, die zu einer Erhöhung des Anfangsbestandes beitragen, im Haben gebucht werden und die Abgänge, die eine Minderung des Anfangsbestandes bedeuten, im Soll erfaßt werden. Der jeweilige Endbestand muß auch hier als Saldo, d.h. als Unterschied zwischen den Summen der beiden Kontenseiten, ermittelt werden. Er erscheint aber diesmal nicht auf der rechten Seite, sondern auf der kleineren Sollseite. Insofern gelten damit für Passivkonten genau die entgegengesetzten Grundsätze wie für Aktivkonten.

Bei Passivkonten steht der Anfangsbestand immer auf der Habenseite. Zugänge werden im Haben und Abgänge im Soll erfaßt. Der Endbestand ergibt sich als Unterschiedsbetrag der Haben- und Sollseite und steht in den meisten Fällen im Soll.

Soll	Passivkonto	Haben
Abgänge		Anfangsbestand
Endbestand		Zugänge

Kapitel 6

Der Buchungssatz – eine komprimierte Form der Erfassung

Die Buchführung hat den Sinn, das geschäftliche Geschehen zahlenmäßig abzubilden. Täglich finden jedoch Vorfälle statt, die einzelne Bilanzpositionen und damit das Vermögen, die Schulden oder sogar das Eigenkapital verändern.

Jeder Geschäftsvorfall berührt mindestens zwei, manchmal auch mehr Konten. Deshalb wird in der doppelten Buchführung jeder Geschäftsvorfall mindestens zweimal gebucht, zum einen auf der Sollseite des ersten Kontos und zum anderen auf der Habenseite des anderen Kontos. Während eines Geschäftsjahres sind hunderte, manchmal sogar tausende Geschäftsvorfälle zu buchen und zu erfassen. Stellen Sie sich vor, Sie müßten alle Geschäftsvorfälle verbal umschrieben in Ihren Unterlagen festhalten. Das wäre mit sehr viel Zeit und Aufwand verbunden. Um die Dokumentation und den Schreibaufwand zu minimieren, bedient man sich in der Buchführung deshalb des Buchungssatzes. Dieser gibt in kurzen, prägnanten Worten alles Wichtige wieder, was für die zahlenmäßige Abbildung des betrieblichen Geschehens benötigt wird.

BEISPIEL

Sie kaufen für 3 000 DM netto Rohstoffe auf Ziel bei Ihrem Lieferanten ein.

Verbal umschrieben heißt das: Beim Einkauf von Rohstoffen erhöht sich der Wert Ihres Rohstoffbestands um 3 000 DM. Auf dem Konto Rohstoffe müssen Sie einen Zugang in Höhe von 3 000 DM ausweisen. Die Bezahlung (Lieferung auf Ziel) erfolgt allerdings erst zu einem späteren Zeitpunkt, so daß in der Zwischenzeit (bis zur Bezahlung) Ihre Verbindlichkeiten ebenfalls anwachsen und um 3 000 DM zunehmen.

In Form eines einzigen *Buchungssatzes* ausgedrückt bedeutet das:

	Soll	Haben
Rohstoffe	3 000 DM	
an Verbindlichkeiten		3 000 DM

Der Buchungssatz bezeichnet die Konten, auf denen gebucht werden muß und verbindet beide Kontennamen mit dem Wort „an". Bei allen Konten, die vor dem „an" erwähnt sind, wird der Betrag ins Soll gesetzt, bei allen Konten, die hinter dem „an" stehen, befinden sich die Beträge im Haben. Die Beträge werden damit mindestens zweimal genannt, wobei die Summe aller Beträge im Soll gleich der Summe aller Beträge im Haben sein muß.

In der betrieblichen Praxis können Sie grundsätzlich alle Geschäftsvorfälle nach dem oben beschriebenen Muster buchen. Der einfache Buchungssatz ist dadurch gekennzeichnet, daß durch den Geschäftsvorfall maximal zwei Konten betroffen sind. Um aber eine Antwort darauf zu finden, welcher Betrag auf welches Konto im Soll oder Haben gebucht werden muß, sollten Sie es sich ab sofort zur Regel machen, immer die folgenden vier Fragen zu beantworten, bevor Sie mit der eigentlichen Buchungsarbeit beginnen.

1. Welche Konten werden durch den Geschäftsvorfall berührt?
2. Handelt es sich um Aktiv- oder Passivkonten?
3. Liegt ein Zugang oder Abgang vor?
4. Auf welcher Kontenseite muß die Buchung erfolgen?

Das hört sich im ersten Moment alles etwas theoretisch an. Mit ein wenig Übung wird Ihnen das jedoch sehr schnell in Fleisch und Blut übergehen.

Wir wollen das grundsätzliche Vorgehensprinzip anhand ausgewählter Geschäftsvorfälle üben. Dazu werden verschiedene Beispiele vorgegeben, für die Sie anhand der oben dargestellten vier Fragen den richtigen Buchungssatz bilden sollen.

1.	Bareinzahlung auf das Bankkonto	3 000 DM
2.	Barabhebung vom Bankkonto	2 500 DM
3.	Gewährung eines Darlehens über die Bank	25 000 DM
4.	Darlehenstilgung durch die Bank	18 000 DM
5.	Banküberweisung eines Kunden	2 800 DM
6.	Kauf von Rohstoffen auf Ziel	35 000 DM
7.	Barzahlung einer Verbindlichkeit	20 000 DM
8.	Bareinlage	15 000 DM
9.	Barentnahme	17 500 DM
10.	Wir zahlen im voraus bar an unseren Lieferanten	5 000 DM
11.	Ein Kunde leistet eine A-Konto-Zahlung durch Banküberweisung	6 000 DM

Zu 1. Bareinzahlung auf das Bankkonto 3 000 DM:

Für das erste Beispiel wird die Vorgehensweise in allen Einzelheiten sehr ausführlich dargestellt, so daß Sie sich bei den nachfolgenden Geschäftsvorfällen daran orientieren können.

Die erste Frage lautet immer: **Welche Konten werden durch den Geschäftsvorfall berührt?**

Als Konten kommen immer nur die in Frage, die gewöhnlich auch in der Bilanz wiederzufinden sind. Als Muster können Sie die vorgestellte Bilanz am Ende des 4. Kapitels heranziehen. Unabhängig davon müssen Sie sich immer zuerst überlegen, was durch den Geschäftsvorfall überhaupt geschieht. Bareinzahlung hat etwas mit Bargeld zu tun. Bargeld befindet sich meistens in Ihrer Geldbörse. Die Geldbörse einer Privatperson nennt man im Unternehmen „Kassenbestand". Bargeld wird auf das Bankkonto eingezahlt. Ein Bankkonto wird bei einer Bank unterhalten. Zusammenfassend halten Sie fest, daß Bargeld von der Kasse zur Bank auf Ihr Bankkonto fließt. Als Konten kommen demzufolge in Frage: für Kasse das Konto „Kassenbestand" und für das Bankkonto „Guthaben bei Kreditinstituten".

Es geht weiter mit der zweiten Frage: **Handelt es sich bei den beiden Konten um Aktiv- oder Passivkonten?** Die Beantwortung dieser Frage dürfte Ihnen an dieser Stelle keine Schwierigkeiten mehr bereiten. Aktivkonten sind die Konten, die in der Bilanz auf der linken „Aktiva"-Seite stehen, Passivkonten sind die, die Sie in der Bilanz auf der rechten „Passiva"-Seite wiederfinden. Sowohl das Konto Kassenbestand als auch das Konto Guthaben bei Kreditinstituten finden Sie im Bilanzschema auf der linken Seite. Insofern handelt es sich bei beiden Konten um sogenannte Aktivkonten.

Dritte Frage: **Liegt ein Zugang oder Abgang vor?** Diese Frage ist auch relativ leicht zu beantworten. Dazu müssen Sie sich immer vorstellen, ob Sie nach der Buchung des Geschäftsvorfalls mehr oder weniger als zuvor auf dem Buchführungskonto stehen haben. Bei einer Bareinzahlung auf das Bankkonto fließt Bargeld von der Kasse ab und dem Bankkonto zu. Der Kassenbestand vermindert sich und das Bankguthaben nimmt dementsprechend zu. Bei der Kasse erfolgt folglich ein Abgang, beim Bankkonto ein Zugang.

Nachdem Sie die drei ersten Fragen beantwortet haben, kommen Sie zur letzten: **Auf welcher Kontenseite muß die Buchung erfolgen?** Dazu vergegenwärtigen Sie sich nochmals das, was über den Zu- und Abgang auf Aktiv- und Passivkonten gesagt worden ist. Zugänge werden immer auf der Kontenseite gebucht, auf der auch der Anfangsbestand ausgewiesen wird; Abgänge auf der anderen Kontenseite.

Aktivkonto

Soll		Haben	
Anfangsbestand		**Abgänge**	(–)
Zugänge	(+)	Endbestand	

Soll	Passivkonto		Haben
Abgänge	(–)	Anfangsbestand	
Endbestand		**Zugänge**	(+)

Da es sich in unserem ersten Beispiel in beiden Fällen um Aktivkonten handelt, erfolgt der Zugang auf der Sollseite, der Abgang auf der Habenseite. Da der Kassenbestand durch die Bareinzahlung auf das Bankkonto um 3 000 DM abnimmt, muß der Abgang auf dem Kassenkonto im Haben erfaßt werden. Im Gegensatz dazu muß der entsprechende Zugang auf dem Bankkonto (Guthaben bei Kreditinstituten) auf der Sollseite gebucht werden.

Zusammenfassend läßt sich folgendes in einer Übersicht festhalten:

1. Konten?	Kasse	Bank
2. Aktiv-/Passivkonto?	Aktivkonto	Aktivkonto
3. Zu-/Abgang?	Abgang (–)	Zugang (+)
4. Kontenseite	Haben	Soll

In der buchhalterischen Kurzschreibweise sieht das so aus:

1. Konten?	Kasse	Bank
2. Aktiv-/Passivkonto?	A	A
3. Zu-/Abgang?	–	+
4. Kontenseite	H	S

Erläuterungen:
Das A stellt die Abkürzung für Aktivkonto dar, das P steht stellvertretend für Passivkonto. Ein + signalisiert einen Zugang, ein – einen Abgang. S ist die Kurzbezeichnung für Soll, H für Haben.

Der entsprechende Buchungssatz muß folgerichtig lauten:

	Soll	Haben
Bankguthaben	3 000 DM	
an Kassenbestand		3 000 DM

Zu 2. Barabhebung vom Bankkonto über 2 500 DM:

Hier haben wir den umgekehrten Fall. Beginnend mit der ersten Frage: „Welche Konten werden durch den Geschäftsvorfall berührt?“ stellen Sie fest, daß wiederum das Kassen- und das Bankkonto betroffen sind.

Es handelt sich hier ebenfalls bei beiden Konten um Aktivkonten. Bei der Beantwortung der Frage, ob ein Zugang oder Abgang vorliegt, wird es etwas schwieriger. Bei einer Barabhebung vom Bankkonto nimmt unser Guthaben auf dem Bankkonto ab, der Bargeldbestand in der Kasse wächst entsprechend an. Der Kassenbestand verzeichnet folglich einen Zugang, der durch einen gleichgroßen Abgang beim Bankkonto ausgeglichen wird. Nach diesen Erkenntnissen dürfte es für Sie nicht mehr schwer sein, eine Aussage darüber zu treffen, auf welcher Kontenseite die jeweilige Buchung erfolgen muß. Ein Zugang auf dem Kassenkonto wird im Soll, ein Abgang auf dem Bankkonto im Haben gebucht.

1. Konten?	Kasse	Bank
2. Aktiv-/Passivkonto?	Aktivkonto	Aktivkonto
3. Zu-/Abgang?	Zugang (+)	Abgang (–)
4. Kontenseite	Soll	Haben

In der buchhalterischen Kurzschreibweise:

1. Konten?	Kasse	Bank
2. Aktiv-/Passivkonto?	A	A
3. Zu-/Abgang?	+	–
4. Kontenseite	S	H

Der Buchungssatz lautet:

	Soll	Haben
Kassenbestand	2 500 DM	
an Bankguthaben		2 500 DM

Zu 3. Gewährung eines Darlehens über die Bank in Höhe von 25 000 DM:

In der Kurzform geschrieben ergibt sich für das dritte Beispiel folgende Konten-Kombination:

1. Konten?	Darlehen	Bank
2. Aktiv-/Passivkonto?	Passivkonto	Aktivkonto
3. Zu-/Abgang?	Zugang (+)	Zugang (+)
4. Kontenseite	Haben	Soll

In der buchhalterischen Kurzschreibweise sieht das ganze folgendermaßen aus:

1. Konten?	Darlehen	Bank
2. Aktiv-/Passivkonto?	P	A
3. Zu-/Abgang?	+	+
4. Kontenseite	H	S

Erläuterungen:
Mit der Gewährung eines Darlehens über die Bank ist folgendes gemeint: Die kreditgebende Bank gewährt Ihnen als Unternehmer ein Darlehen und stellt den Darlehensbetrag auf Ihrem Bankkonto zur Verfügung. Damit verzeichnen Sie einen Zugang auf Ihrem Bankkonto und bauen ebenfalls in gleicher Höhe einen höheren Schuldenbestand auf.

Buchungssatz:

	Soll	Haben
Bankguthaben	25 000 DM	
an Darlehen		25 000 DM

Sicher sind Sie bereits jetzt in der Lage, die Beispiele 4. – 11. selbständig zu lösen, so daß wir hier im Anschluß nur noch die fertigen Buchungssätze angeben werden.

Zu 4. Darlehenstilgung durch die Bank über 18 000 DM:

Eine Darlehenstilgung durch Banküberweisung ist der umgekehrte Fall von Beispiel 3. Hier nimmt sowohl das Bankkonto als auch das Darlehenskonto ab.

Buchungssatz:

	Soll	Haben
Darlehen an Bankguthaben	18 000 DM	18 000 DM

Zu 5. Banküberweisung eines Kunden über 2 800 DM:

Buchungssatz:

	Soll	Haben
Bankguthaben an Forderungen	2 800 DM	2 800 DM

Zu 6. Kauf von Rohstoffen auf Ziel zu 35 000 DM:

Buchungssatz:

	Soll	Haben
Rohstoffe an Verbindlichkeiten	35 000 DM	35 000 DM

Zu 7. Barzahlung einer Verbindlichkeit von 20 000 DM:

Buchungssatz:

	Soll	Haben
Verbindlichkeiten an Kasse	20 000 DM	20 000 DM

zu 8. Bareinlage von 15 000 DM:

Buchungssatz:

	Soll	Haben
Kasse an Eigenkapital	15 000 DM	15 000 DM

Zu 9. Barentnahme von 17 500 DM:

Buchungssatz:

	Soll	Haben
Eigenkapital	17 500 DM	
an Kasse		17 500 DM

Zu 10. Wir zahlen im voraus bar an unseren Lieferanten 5 000 DM:

Wenn Sie bei Ihrem Lieferanten in Vorleistung treten, indem Sie eine Ware, die Sie noch nicht erhalten haben, mit einem bestimmten Betrag anzahlen, leisten Sie eine Vorauszahlung. Vorauszahlungen stellen bis zur endgültigen Warenlieferung geleistete Anzahlungen gegenüber Ihrem Lieferanten dar. Diese werden in der Bilanz unter der Rubrik Vorräte als „geleistete Anzahlungen" ausgewiesen.

Buchungssatz:

	Soll	Haben
geleistete Anzahlungen	5 000 DM	
an Kasse		5 000 DM

Zu 11. Ein Kunde leistet eine A-Konto-Zahlung durch Banküberweisung über 6 000 DM:

Leistet ein Kunde uns gegenüber eine Anzahlung, obwohl er die Ware von uns noch gar nicht erhalten hat, stellt dieser Betrag bis zur endgültigen Lieferung unsererseits eine erhaltene Anzahlung dar, die auf der Passivseite der Bilanz unter den Verbindlichkeiten als „erhaltene Anzahlung" auszuweisen ist.

Buchungssatz:

	Soll	Haben
Bankguthaben	6 000 DM	
an erhaltene Anzahlung		6 000 DM

Mit diesen Übungsbeispielen sollte ein erster Vorgeschmack auf das entstehen, was als nächstes folgen wird. In der Mehrzahl der täglich auftretenden praxisrelevanten Geschäftsvorfälle werden gleichzeitig mehr als nur zwei Sachkonten berührt. Das hat zur Folge, daß auf mehreren Konten im Soll und im Haben gebucht werden muß. (In der Fachsprache nennt man das auch einen zusammengesetzten Buchungssatz.) Die Vorgehensweise ist jedoch die gleiche wie beim einfachen Buchungssatz mit einer Buchung im Soll und einer im Haben. Auch hier müssen Sie sich wieder die bekannten vier Fragen stellen.

1. Welche Konten werden durch den Geschäftsvorfall berührt?
2. Handelt es sich um Aktiv- oder Passivkonten?
3. Liegt ein Zugang oder Abgang vor?
4. Auf welcher Kontenseite muß die Buchung erfolgen?

Der Unterschied des zusammengesetzten gegenüber dem einfachen Buchungssatz ist lediglich der, daß Sie beim zusammengesetzten Buchungssatz mehr als zwei Konten prüfen müssen.

BEISPIEL

Bezahlung einer Verbindlichkeit bar 2 500 DM und durch Banküberweisung 1 000 DM

Erste Frage: **Welche Konten werden durch den Geschäftsvorfall berührt?**
Die in Frage kommenden Konten lauten in diesem Fall: Kasse, Bankguthaben, Verbindlichkeiten.

Weiter geht es mit der zweiten Frage: Handelt es sich bei den Konten um Aktiv- oder Passivkonten?

Konto	Aktivkonto	Passivkonto
Kasse	ja	
Bank	ja	
Verbindlichkeiten		ja

Dritte Frage: **Liegt ein Zugang oder Abgang auf dem jeweiligen Konto vor?**

Konto	Zugang	Abgang
Kasse		ja
Bank		ja
Verbindlichkeiten		ja

Vierte Frage: **Auf welcher Kontenseite muß die Buchung erfolgen?**

Konto	Zugang	Abgang
Kasse		Haben
Bank		Haben
Verbindlichkeiten		Soll

Zusammenfassung:

1. Konten?	Kasse	Bank	Verbindlichkeiten
2. Aktiv-/Passivkonto?	Aktivkonto	Aktivkonto	Passivkonto
3. Zu-/Abgang?	Abgang (–)	Abgang (–)	Abgang (–)
4. Kontenseite	Haben	Haben	Soll

Die bekannte buchhalterische Kurzschreibweise:

1. Konten?	Kasse	Bank	Verbindlichkeiten
2. Aktiv-/Passivkonto?	A	A	P
3. Zu-/Abgang?	–	–	–
4. Kontenseite	H	H	S

Der entsprechende Buchungssatz dazu lautet:

	Soll	Haben
Verbindlichkeiten	3 500 DM	
an Kasse		2 500 DM
an Bank		1 000 DM

Kapitel 7

Buchung der ersten Geschäftsvorfälle

Im letzten Kapitel haben Sie bereits gelernt, wie für verschiedene Geschäftsvorfälle die buchhalterische „Kurzschreibweise" aussieht und daraus den entsprechenden Buchungssatz abgeleitet. Zu diesem Zeitpunkt sollten Sie bereits den grundsätzlichen Unterschied zwischen Aktiv- und Passivkonten kennen, die Abgrenzung zu Soll und Haben erklären können und wissen, auf welcher Seite eines Kontos der Zu- oder Abgang gebucht wird. In diesem Kapitel werden Ihnen die Auswirkungen und die eigentliche Buchungsweise der im letzten Kapitel kreierten Buchungssätze nähergebracht. Grundsätzlich lassen sich sämtliche Geschäftsvorfälle und damit Buchungssätze in bezug auf die bilanzielle Auswirkung in vier verschiedene Kategorien gliedern:

a) Aktivtausch
b) Passivtausch
c) Aktiv-Passiv-Mehrung
d) Aktiv-Passiv-Minderung

Beispiel Aktivtausch:

Soll		**Haben**	
Konto 1	+		
Konto 2	–		

Beispiel Passivtausch:

Soll		**Haben**	
		Konto 1	+
		Konto 2	–

Beispiel Aktiv-Passiv-Mehrung:

Soll		**Haben**	
Konto 1	+	Konto 2	+

Beispiel Aktiv-Passiv-Minderung:

Soll		**Haben**	
Konto 1	–	Konto 2	–

Beim Aktivtausch sind zwei Konten der Aktivseite der Bilanz berührt, wobei das Konto 1 zunimmt und das Konto 2 abnimmt. Beim Passivtausch nimmt Konto 1 zu und Konto 2 ab, das ganze nur auf der Passivseite. In beiden Fällen, also sowohl beim Aktiv- als auch beim Passivtausch, bleibt die Bilanzsumme unverändert.

Bei der Aktiv-Passiv-Mehrung ist ein Konto auf der Aktiv- und ein Konto auf der Passivseite betroffen, die in gleichem Umfang zunehmen. Bei der Aktiv-Passiv-Minderung nehmen beide Konten betragsmäßig in gleichem Maße ab. Die Aktiv-Passiv-Mehrung führt zu einer Bilanzsummenmehrung (Bilanzverlängerung), die Aktiv-Passiv-Minderung zu einer Bilanzsummenminderung (Bilanzverkürzung).

Dazu jeweils ein Beispiel:

a) Der Aktivtausch

Der Kassenbestand Ihres Geschäfts weist einen Bestand von 8 000 DM auf. Um das geschäftliche Risiko möglichst gering zu halten, beschließen Sie, einen Bargeldbetrag von 6 500 DM auf Ihr betriebliches Bankkonto einzuzahlen. Durch die Bargeldentnahme verringert sich Ihr Kassenbestand damit auf 1 500 DM. Durch die gleich hohe Transferierung vom Kassenbestand auf das betriebliche Bankkonto erhöht sich der Bankbestand in demselben Maße, wie der Kassenbestand abnimmt. Da sowohl das Kassenkonto als auch das Bankkonto in der Bilanz auf der Aktivseite ausgewiesen werden, bleibt damit im Ergebnis die Bilanzsumme gleich hoch.

Buchungssatz:

	Soll	Haben
Bank	6 500 DM	
an Kasse		6 500 DM

Soll	Kasse		Haben
AB	8 000	Bank	6 500
		EB	1 500
	8 000		8 000

Soll	Bank		Haben
AB	8 000	EB	28 500
Kasse	6 500		
	28 000		28 500

Aktiva	Bilanz vorher	Passiva
Kasse	8 000	
Bank	22 000	
	30 000	

Aktiva	Bilanz nachher	Passiva
Kasse	1 500	
Bank	28 500	
	30 000	

Unterschiedsbetrag = 0

Erläuterungen:
AB = Anfangsbestand zu Beginn des Geschäftsjahres
EB = Endbestand am Ende des Geschäftsjahres

Sie sehen, die Bilanzsumme vorher ist betragsmäßig identisch mit der Bilanzsumme nachher. Durch den Aktivtausch ändert sich die Bilanzsumme nicht.

b) Der Passivtausch

Beim Passivtausch handelt es sich, ebenso wie beim Aktivtausch, lediglich um ein „Umverteilen" von Beträgen auf derselben Bilanzseite.

Sie kommen kurzfristig in Zahlungsschwierigkeiten und können Ihre kurzfristigen Verbindlichkeiten nicht mehr vollständig und pünktlich bezahlen. Deshalb beschließen Sie, von den kurzfristigen Lieferantenverbindlichkeiten in Höhe von insgesamt 20 000 DM einen Betrag von 12 000 DM in ein langfristiges Darlehen umzuwandeln.

Das Passivkonto Verbindlichkeiten hat bereits einen Anfangsbestand von 20 000 DM. Da es sich bei der Schuldumwandlung in eine Darlehensschuld bei den Verbindlichkeiten um einen Abgang handelt, muß dieser bei einem Passivkonto auf der Sollseite buchhalterisch erfaßt werden. Der Endbestand des Kontos Verbindlichkeiten hat sich durch die Schuldumschichtung von ursprünglich 20 000 DM auf 8 000 DM reduziert. Auf der anderen Seite erhöht sich der Bestand des Darlehenkontos um 12 000 DM. Da sowohl das Verbindlichkeitenkonto als auch das Darlehenskonto in der Bilanz auf der Passivseite ausgewiesen werden, erfolgt in diesem Fall eine Umbuchung von einem Passivkonto zum anderen. Das Darlehenskonto weist vor der Umschichtung der Schuld einen Bestand von 10 000 DM auf; insofern ist der Endbestand nach der Umbuchung um 12 000 DM höher. Sowohl der Endbestand des Darlehens- als auch der des Verbindlichkeitenkontos wird auf der Passivseite der Bilanz ausgewiesen. Damit bleibt die Summe beider Passivkonten unverändert und im Ergebnis die Bilanzsumme gleich hoch.

Buchungssatz:

	Soll	Haben
Verbindlichkeiten	12 000 DM	
an Darlehen		12 000 DM

Soll	Verbindlichkeiten		Haben
Darl.	12 000	AB	20 000
EB	8 000		
	20 000		20 000

Soll	Darlehen		Haben
EB	22 000	AB	10 000
		Verb.	12 000
	22 000		22 000

Aktiva	Bilanz vorher		Passiva
		Verb.	20 000
		Darl.	10 000
			30 000

Aktiva	Bilanz nachher		Passiva
		Verb.	8 000
		Darl.	22 000
			30 000

Unterschiedsbetrag = 0

Erläuterungen:
AB = Anfangsbestand zu Beginn des Geschäftsjahres
EB = Endbestand am Ende des Geschäftsjahres

Auch beim Passivtausch ist die Bilanzsumme vorher betragsmäßig identisch mit der Bilanzsumme nachher. Durch den Passivtausch ändert sich die Bilanzsumme ebenfalls nicht.

c) Die Aktiv-Passiv-Mehrung

Sie beziehen Rohstoffe im Wert von 13 000 DM von Ihrem Lieferanten auf Ziel. Die Folge daraus ist, daß sowohl Ihr Rohstoffbestand um 13 000 DM anwächst als auch Ihre Verbindlichkeiten aus Lieferungen und Leistungen steigen. Bei einem angenommenen Anfangsbestand des Rohstoffkontos von 50 000 DM erhöht sich der Bestand mit dem Bezug von neuen Rohstoffen auf insgesamt 63 000 DM. Das Rohstoffkonto wird in der Bilanz als Vorräte auf der Aktivseite ausgewiesen. Im gleichen Zuge erhöhen sich Ihre Verbindlichkeiten auf der Passivseite der Bilanz von z.B. 10 000 DM auf 23 000 DM.

Buchungssatz:

	Soll	Haben
Rohstoffe	13 000 DM	
an Verbindlichkeiten		13 000 DM

Soll — Rohstoffe — Haben

Soll		Haben	
AB	50 000	EB	63 500
Verb.	13 000		
	63 000		63 000

Soll — Verbindlichkeiten — Haben

Soll		Haben	
EB	23 000	AB	10 000
		Rohst.	13 000
	23 000		23 000

Aktiva — Bilanz vorher — Passiva

Aktiva		Passiva	
Rohst.	50 000	Verb.	10 000

Aktiva — Bilanz nachher — Passiva

Aktiva		Passiva	
Rohst.	63 000	Verb.	23 000

Unterschiedsbetrag = + 13 000 DM

Erläuterungen:
AB = Anfangsbestand zu Beginn des Geschäftsjahres
EB = Endbestand am Ende des Geschäftsjahres

Bei der Aktiv-Passiv-Mehrung verändert sich die Bilanzsumme betragsmäßig um den jeweiligen Zugangsbetrag auf dem Aktiv- und Passivkonto. Eine Aktiv-Passiv-Mehrung kann nur dann vorliegen, wenn sich sowohl ein Aktiv- als auch ein Passivkonto vermehrt, also ein Zugang auf beiden Kontenseiten der Bilanz vorliegt.

d) Die Aktiv-Passiv-Minderung

Die soeben auf Ziel bezogenen Rohstoffe bezahlen Sie nach einem Monat per Überweisung. Ihr Bankguthaben weist derzeit einen Stand von 40 000 DM auf. Durch die zu begleichende Verbindlichkeit verringert sich dieses Guthaben um 13 000 DM auf 27 000 DM. Diese 27 000 DM fließen als Endbestand in Ihre Bilanz ein. Das Konto Verbindlichkeiten mit einem Anfangsbestand von 23 000 DM im Haben verringert sich ebenfalls durch die Banküberweisung um 13 000 DM, so daß sich der in die Bilanz einzustellende Endbestand auf 10 000 DM beläuft.

Buchungssatz:

	Soll	Haben
Verbindlichkeiten	13 000 DM	
an Bank		13 000 DM

Soll	Bank		Haben
AB	40 000	Verb.	13 000
		EB	27 000
	40 000		40 000

Soll	Verbindlichkeiten		Haben
Bank	13 000	EB	23 000
EB	10 000		
	23 000		23 000

Aktiva	Bilanz vorher		Passiva
Bank	40 000	Verb.	23 000

Aktiva	Bilanz nachher		Passiva
Bank	27 000	Verb.	10 000

Unterschiedsbetrag = – 13 000 DM

Erläuterungen:
AB = Anfangsbestand zu Beginn des Geschäftsjahres
EB = Endbestand am Ende des Geschäftsjahres

Bei der Aktiv-Passiv-Minderung verändert sich die Bilanzsumme betragsmäßig um den jeweiligen Abgangsbetrag auf dem Aktiv- und Passivkonto. Eine Aktiv-Passiv-Minderung kann nur dann vorliegen, wenn sich sowohl ein Aktiv- als auch ein Passivkonto vermindert, also ein Abgang auf beiden Kontenseiten der Bilanz vorliegt.

Kapitel 8

Die Erfolgskonten als Unterkonten des Kapitalkontos

In den bisherigen Ausführungen war immer nur die Rede von den Bestandskonten, deren Änderungen innerhalb des Kontos und Auswirkungen auf die Bilanzsumme. Von weit größerem Interesse sind in der Praxis allerdings die Geschäftsvorfälle, die unmittelbar den Gewinn oder Verlust betreffen und damit eine Änderung des Betriebsvermögens (bzw. des Eigenkapitals) herbeiführen. Wie Sie bereits aus der Kostenrechnung wissen, erwirtschaften Sie immer dann einen Gewinn, wenn der Verkaufspreis eines Produktes höher ist als die mit der Herstellung verbundenen Kosten. Der Gewinn erhöht entsprechend Ihr Eigenkapital, ein Verlust führt zu einer Eigenkapitalminderung.

In der buchhalterischen Praxis spricht man in diesem Zusammenhang auch von Aufwendungen und Erträgen. Dabei fällt unter den Begriff „Aufwand" alles, was Sie als Unternehmer aufwenden müssen, um ein bestimmtes Produkt fertigen zu können. Zu den Hauptaufwendungen eines jeden Unternehmens zählen z.B.:

- Materialaufwendungen (Verbrauch an Roh-, Hilfs- und Betriebsstoffen)
- Löhne/Gehälter (inkl. gesetzliche Sozialaufwendungen)
- Aufwendungen für Betriebs-Pkw, Miete, Steuern usw.

Im Gegensatz zu den Aufwendungen, die eine Minderung des Eigenkapitals darstellen, erhöhen Erträge Ihr Eigenkapital. Beispiele dafür sind:

- Geldzuflüsse aus dem Verkauf Ihrer Produkte (Umsatzerlöse)
- Erträge aus Wertpapieranlagen (Zinserträge)
- Erträge aus dem Verkauf von Anlagevermögen über dem Buchwert usw.

Folgende Graphik verdeutlicht den Zusammenhang:

Soll — **Eigenkapital**	**Haben**
Aufwendungen (z.B. Mietaufwand) = Minderung des Eigenkapitals	Erträge (z.B. Verkaufserlöse) = Erhöhung des Eigenkapitals

Alle Aufwendungen und Erträge sind sofort auf dem Eigenkapitalkonto zu buchen. Dabei mindern Aufwendungen Ihr Eigenkapital, Erlöse erhöhen es. Sie können sich sicherlich vorstellen, daß bei umfangreichem Geschäftsverkehr das Eigenkapitalkonto mit der Zeit sehr unübersichtlich wird. Vor allem die Erfassung aller betrieblichen Kapitaländerungen auf einem einzigen Konto ist der Übersichtlichkeit nicht gerade dienlich. Deshalb werden zu Beginn des Geschäftsjahres sogenannte Unterkonten zum Eigenkapital gebildet, auf denen, nach Aufwand und Ertrag getrennt, der Erfolg Ihres Unternehmens festgehalten wird. Diese Erfolgskonten (Sammelbegriff für alle Aufwands- und Ertragskonten) werden während des Geschäftsjahres als Unterkonten des Eigenkapitals geführt und am Ende des Jahres über das Eigenkapital abgeschlossen. Durch die Unterteilung erscheint auf dem Eigenkapitalkonto im Laufe des Jahres überhaupt keine Buchung. Erst beim Jahresabschluß übernimmt es die Salden der Erfolgskonten.

TIP!

Da sämtliche Aufwands- und Ertragskonten als Unterkonten des Eigenkapitals geführt werden, wird auf diesen ebenso gebucht wie auf dem eigentlichen Hauptkonto Eigenkapital.

Aufwandskonten stellen eine Minderung des Eigenkapitals dar. Das Eigenkapitalkonto selbst ist ein Passivkonto und nimmt auf der Sollseite ab. Deshalb müssen auch die Aufwandskonten im Soll bebucht werden. Auf der anderen Seite stehen Erträge gleichbedeutend für eine Mehrung des Eigenkapitals und müssen folgerichtig als Zugang im Haben gebucht werden.

BEISPIEL

Für die Herstellung Ihrer Produkte benötigen Sie aus Ihrem Materiallager für 2 000 DM Rohstoffe und für 1 000 DM Hilfsstoffe. (Rohstoffe sind Stoffe, die nach der Be- oder Verarbeitung Hauptbestandteil des fertigen Produkts werden, z.B. Spanplatten für einen Tisch, Glas für Fensterscheiben oder Wolle für einen Pullover. Hilfsstoffe stellen nur Nebenbestandteile des Fertigproduktes dar, die nur zum Teil dort hineingearbeitet werden, z.B. Nägel, Schrauben, Farben, Leim. Daneben gibt es auch noch Betriebsstoffe, die allerdings nur mittelbar der Herstellung des Produkts dienen, also nicht in das Produkt selbst eingehen, z.B. Energie, Reparaturmaterial, Schmieröl). Bildlich können Sie sich den Verbrauch an Roh- und Hilfsstoffen folgendermaßen verdeutlichen:

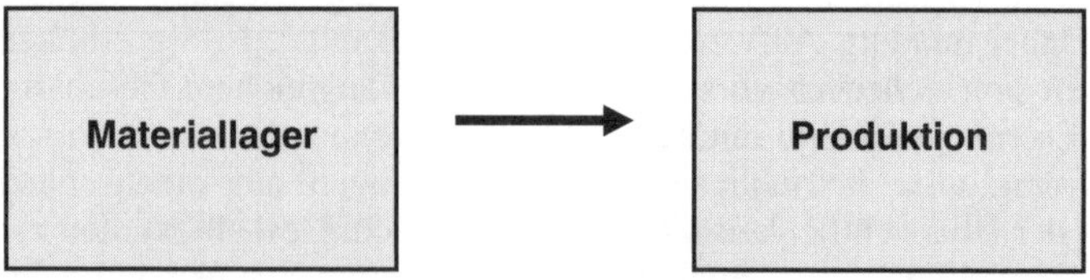

Bilanzposten:	Bilanzposten:
Vorräte an Roh- und Betriebsstoffen auf der Aktivseite der Bilanz	Eigenkapital auf der Passivseite der Bilanz

Wenn Sie für die Produktion Material verbrauchen, bedeutet das gleichzeitig einen Abgang aus Ihrem Vorratsvermögen. Ein Verbrauch von Material indiziert aber auch eine Vermögensminderung, denn danach ist Ihr Vermögen und damit auch Ihr Eigenkapital kleiner als zuvor. Der gedankliche Buchungssatz muß also lauten:

	Soll	**Haben**
Eigenkapital	3 000 DM	
an Roh-, Hilfs- und Betriebsstoffe		3 000 DM

Soll	**Vorräte**	**Haben**	
		Eigen-kapital	3 000

Soll	**Eigenkapital**	**Haben**	
Vorräte	3 000		

Besser und übersichtlicher wäre es allerdings, für sämtliche Aufwands- und Ertragskonten separate Unterkonten zum Eigenkapital anzulegen. Der Buchungssatz unter Berücksichtigung eines Unterkontos „Aufwendungen für Roh-, Hilfs- und Betriebsstoffe (Aufw. RHB)" könnte dann folgendermaßen lauten:

	Soll	**Haben**
Aufwendungen für Roh-, Hilfs- und Betriebsstoffe	3 000 DM	
an Roh-, Hilfs- und Betriebsstoffe		3 000 DM

Soll	Vorräte	Haben
	Aufwand RHB	3 000

Soll	Eigenkapital	Haben
Vorräte	3 000	

Abschluß über

Soll	Eigenkapital	Haben

BEISPIEL

Jeden Monat zum Monatsletzten zahlen Sie Miete (2 000 DM) für eine Lagerhalle, Löhne und Gehälter für Ihre Angestellten (10 000 DM) und Betriebssteuern an das Finanzamt (2 500 DM) durch Banküberweisung. Alle drei Zahlbeträge sind Aufwendungen, die Sie tätigen. Infolgedessen mindern diese Beträge Ihr Eigenkapital.

Sie haben die Möglichkeit, diese drei Geschäftsvorfälle sofort über das Eigenkapitalkonto zu verbuchen.

Buchungssatz:

	Soll	Haben
Eigenkapital	14 500 DM	
an Bank		14 500 DM

Soll	Bank	Haben
	Eigen-kapital	14 500

Soll	Eigenkapital	Haben
Bank	14 500	

Der Nachteil bei dieser Verbuchung ist aber, daß Sie spätestens nach zwei Wochen nicht mehr wissen, wofür Sie die 14 500 DM verwendet haben. Deshalb ist es besser, für das Eigenkapital betreffende Buchungen separate Unterkonten anzulegen, die zum Jahresende über das Eigenkapital abgeschlossen werden.

Buchungssätze:

	Soll	Haben
Miete	2 000 DM	
Löhne und Gehälter	10 000 DM	
Betriebssteuern	2 500 DM	
an Bank		14 500 DM

Soll — Miete — Haben

Soll		Haben	
Bank	2 000		

Soll — Löhne u. Gehälter — Haben

Soll		Haben	
Bank	10 000		

Soll — Betriebssteuern — Haben

Soll		Haben	

Soll — Bank — Haben

Soll		Haben	
		Miete	2 000
		Löhne u. Gehählter	10 000
		Steuern	2 500
			14 500

Erst in einem zweiten Schritt werden die drei Aufwandskonten Miete, Löhne und Gehälter sowie Betriebssteuern über das Eigenkapital abgeschlossen.

Soll — Miete — Haben

Soll		Haben	
Bank	2 000	Eigenkapital	2 000

Soll — Löhne u. Gehälter — Haben

Soll		Haben	
Bank	10 000	Eigenkapital	10 000

Soll — Betriebssteuern — Haben

Soll		Haben	
Bank	2 500	Eigenkapital	2 500

Soll — Eigenkapital — Haben

Soll		Haben	
Miete	2 000		
Löhne u. Gehälter	10 000		
Steuern	2 500		

Sie müssen doch zugeben, daß Sie bei der zweiten Buchungsalternative einen besseren Überblick bewahren können, als wenn Sie das Eigenkapitalkonto sofort mit einer Summe belastet hätten.

Nachdem im bisherigen Teil immer nur die Rede von Aufwendungen war, werden wir uns im folgenden mit den Erträgen etwas näher beschäftigen.

Sie haben Produkte gefertigt, die Sie zu einem Preis von 50 000 DM an einen Kunden auf Ziel verkauft haben. Der Verkauf stellt einen Ertrag dar und erhöht Ihr Eigenkapital. Eine Erhöhung ist gleichbedeutend mit einem Zugang, der im Eigenkapital auf der Habenseite gebucht wird. Ebenso wie bei den Aufwendungen sollten Sie sich auch für die verschiedenen Erträge jeweils separate Unterkonten zum Eigenkapital anlegen. Die zwei Konten, die für diesen Geschäftsvorfall in Frage kommen, sind: Forderungen aus Lieferungen und Leistungen und, als Unterkonto des Eigenkapitals, das Konto „Umsatzerlöse“.

	Soll	Haben
Forderungen aus Lieferungen und Leistungen	50 000 DM	
an Umsatzerlöse		50 000 DM

Soll	Forderungen	Haben
Umsatzerlöse	50 000	

Soll	Umsatzerlöse	Haben
	Forderungen	50 000

Abschluß über

Soll	Eigenkapital	Haben

Aufwands- und Ertragskonten sind Unterkonten des Eigenkapitals und werden am Jahresende über dieses abgeschlossen. Aufwands- und Ertragskonten nennt man auch Erfolgskonten. Im Gegensatz dazu sind Aktiv- und Passivkonten, die in der Bilanz ausgewiesen werden, Bestandskonten. Erfolgskonten haben keinen vortragsfähigen Jahresanfangsbestand, weil sie immer über das Eigenkapitalkonto abgeschlossen werden.

Das Problem der Mehrwertsteuer sicher im Griff

Kapitel 9

Bevor im Einzelhandel Fertigprodukte zum Verkauf an den Endverbraucher bereitliegen, haben sie zum Teil bereits einen langen Produktionsweg hinter sich. Von der Rohstoffgewinnung über die weiterverarbeitende Industrie und den Groß- und Einzelhandel gelangen sie schließlich zum Endverbraucher. Mit jeder Bearbeitungsstufe erhöht sich der Preis für das Produkt. Die Ursache liegt zum einen darin, daß der Unternehmer auf seinen jeweiligen Einkaufspreis die bei ihm entstandenen Kosten aufschlägt, und zum anderen kommt ein prozentualer Gewinnaufschlag hinzu. Somit entsteht in jeder Produktionsstufe ein sogenannter Mehrwert. An diesem Mehrwert in jeder Produktionsstufe möchte das Finanzamt durch eine Mehrwert- bzw. Umsatzsteuer partizipieren. Die gesetzliche Grundlage dafür ist das Umsatzsteuergesetz. In der Bundesrepublik Deutschland gibt es neben dem allgemeinen Umsatzsteuersatz von 16 % auch den ermäßigten mit 7 %. Der ermäßigte Steuersatz bezieht sich auf Lebensmittel und bestimmte andere Umsätze. Im weiteren Verlauf wird ausschließlich mit dem 16 %igen Umsatzsteuersatz weitergerechnet.

BEISPIEL

Der Produktionsweg von der Urproduktion bis zum Endverbraucher

Produktionsweg	rechnerische Erfassung des Mehrwertes auf jeder Produktionsstufe			darauf entfallende Mehrwertsteuer
Land- und Forstwirtschaft	1 500	0	1 500	240
Sägewerk	2 500	1 500	1 000	160
Möbelfabrik	4 700	2 500	2 200	352
Großhandel	5 800	4 700	1 100	176
Einzelhandel	6 500	5 800	700	112
Endverbraucher		6 500		1 040

Wie bereits erwähnt, ist das Umsatzsteuergesetz so aufgebaut, daß auf jeder Produktionsstufe nur der Mehrwert der Umsatzsteuer unterliegt. Die Umsatzsteuer stellt für jeden beteiligten Unternehmer innerhalb der Produktionskette nur einen durchlaufenden Posten dar. Erst am Ende der Produktionskette wird der Endverbraucher mit der vollen Umsatzsteuer belastet.

Der Land- und Forstwirt verkauft Bäume für 1 500 DM an ein benachbartes Sägewerk, welches sie zu Bohlen und Holzlatten verarbeitet. Diese werden zu einem Preis von 2 500 DM an eine Möbelfabrik veräußert, die daraus wiederum Möbel für den Großhandel zu einem Preis von 4 700 DM fertigt. Der Großhandel verteilt die Möbel mit einem Gewinnaufschlag zu einem Gesamtpreis von 5 800 DM an verschiedene Einzelhändler, die schließlich mehrere Endverbraucher zu einem Verkaufspreis von insgesamt 6 500 DM beliefern.

Aus der obigen Tabelle erkennt man, daß auf jeder Produktionsstufe ein Mehrwert in unterschiedlicher Höhe geschaffen wird. Nur dieser Mehrwert unterliegt der Mehrwertsteuer. Wie ist aber sichergestellt, daß die Umsatzsteuer für jeden beteiligten Unternehmer innerhalb der Wertschöpfungskette nur einen durchlaufenden Posten darstellt und der Endverbraucher erst am Ende der Produktionskette mit der vollen Umsatzsteuer belastet wird? Notwendige Voraussetzung dafür ist, daß jeder Unternehmer die Umsatzsteuer auf seiner Rechnung offen ausweisen kann und diesen Geldbetrag zusätzlich zu seinem kalkulierten Nettopreis auch erhält und vereinnahmt. Der Möbelfabrikant verkauft die fertigen Möbel für netto 4 700 DM zzgl. 16 % Mehrwertsteuer = insgesamt 5 452 DM an den Großhandel. Auf der anderen Seite hat er vom Sägewerk Bohlen und Holzlatten für netto 2 500 DM zzgl. 16 % Mehrwertsteuer = insgesamt 2 900 DM erworben. Der Möbelfabrikant muß nicht die gesamte Mehrwertsteuer in Höhe von 752 DM (5 452 – 4 700) an das Finanzamt abführen, er kann die an das Sägewerk bereits gezahlte Mehrwertsteuer in Höhe von 400 DM (16 % von 2 500 DM) als sogenannte Vorsteuer in Abzug bringen. Den an das Finanzamt abzuführenden Differenzbetrag zwischen in Rechnung gestellter Umsatzsteuer und bereits an den Vorlieferanten gezahlten Vorsteuerbetrag wird Umsatzsteuerzahllast genannt. Betrachten Sie das obige Beispiel weiter, ergäbe sich für die abzuführende Umsatzsteuerzahllast auf jeder Produktionsstufe folgendes Bild:

Die Mehrwertsteuerbelastung von der Urproduktion bis zum Einzelhändler			
Produktionsweg	Die rechnerische Ermittlung der Mehrwertsteuer auf jeder Produktionsstufe		
	Umsatzsteuer	Vorsteuer	Mehrwertsteuer (USt-Zahllast)
Land- und Forstwirtschaft	240	0	240
Sägewerk	400	240	160
Möbelfabrik	752	400	352
Großhandel	928	752	176
Einzelhandel	1 040	928	112
Summe	**3 360**	**2 320**	**1 040**

Die Umsatzsteuer stellt somit eine Verbindlichkeit gegenüber dem Finanzamt dar, die Vorsteuer hingegen bringt eine Forderung gegenüber dem Finanzamt zum Vorschein. Aus der obigen Tabelle wird ersichtlich, daß auf jeder Produktionsstufe nur ein Bruchteil der Mehrwertsteuer von insgesamt 1 040 DM an das Finanzamt abgeführt wird.

Von der Umsatzsteuer betroffen sind alle Eingangsrechnungen (z.B. Einkauf von Rohstoffen, Kauf einer Maschine, Kauf eines Pkw usw.) sowie sämtliche Ausgangsrechnungen (z.B. Verkauf von Fertigerzeugnissen).

a) Die Umsatzsteuer bei Eingangsrechnungen

Kaufen Sie etwas für Ihr Unternehmen ein, so erhalten Sie zusätzlich zum gekauften Produkt eine Rechnung, in der neben dem Nettokaufpreis die Umsatzsteuer aufgeführt ist.

Der Möbelfabrikant kauft vom Sägewerk für 2 500 DM netto zzgl. 16 % Umsatzsteuer Holzlatten. Die Rechnung hat folgendes Aussehen:

	Kauf von Holzlatten netto	2 500 DM
+	16 % Umsatzsteuer	400 DM
=	Gesamtrechnungsbetrag	2 900 DM

Wenn der Möbelfabrikant den gesamten Rechnungsbetrag in Höhe von 2 900 DM an das Sägewerk überweist, ist darin auch ein Betrag von 400 DM für in Rechnung gestellte Umsatzsteuer enthalten. Wie Sie bereits wissen, kann der Möbelfabrikant die Umsatzsteuer, die er an das Sägewerk aufgrund des Wareneinkaufs bezahlt, als Forderung gegenüber dem Finanzamt geltend machen bzw. mit dem an das Finanzamt abzuführenden Umsatzsteueraufkommen verrechnen. Aus diesem Grund ist es üblich, für in Eingangsrechnungen ausgewiesene Umsatzsteuer ein separates Konto mit dem Namen „Vorsteuer“ einzurichten und entsprechend zu buchen.

Der Buchungssatz für das Beispiel muß demnach lauten:

	Soll	Haben
Rohstoffe	2 500 DM	
Vorsteuer	400 DM	
an Verbindlichkeiten		2 900 DM

Das Vorsteuerkonto ist ein Aktivkonto und nimmt auf der Sollseite zu und auf der Habenseite ab. Es erfaßt die von anderen Unternehmen in Rechnung gestellte Umsatzsteuer (Vorsteuer). Die Vorsteuer stellt eine Forderung gegenüber dem Finanzamt dar.

Soll	Rohstoffe	Haben
2 500		

Soll	Vorsteuer	Haben
400		

Soll	Verbindlichkeiten	Haben
		2 900

b) Die Umsatzsteuer bei Ausgangsrechnungen

Neben Eingangsrechnungen gibt es auch Ausgangsrechnungen. Auch bei der Ausgangsrechnung wird neben dem Nettoverkaufspreis zusätzlich die Umsatzsteuer separat ausgewiesen.

BEISPIEL

Nachdem der Möbelfabrikant aus den Holzlatten Möbelstücke hergestellt hat, verkauft er diese für 4 700 DM plus 16 % Umsatzsteuer an einen Großhändler.

Die Rechnung sieht folgendermaßen aus:

	Verkauf von Möbeln netto	4 700 DM
+	16 % Umsatzsteuer	752 DM
=	Gesamtrechnungsbetrag	5 452 DM

Der dazugehörige Buchungssatz muß lauten:

	Soll	Haben
Forderungen	5 452 DM	
an Verkaufserlöse		4 700 DM
an Umsatzsteuer		752 DM

Das Umsatzsteuerkonto ist ein Passivkonto, weil es eine Verbindlichkeit gegenüber dem Finanzamt ausweist, und nimmt insofern im Soll ab und im Haben zu.

Soll	Verkaufserlöse	Haben
		4 700

Soll	Umsatzsteuer	Haben
		752

Soll	Forderungen	Haben
5 452		

Betrachtet man in einem zweiten Schritt nur die beiden Konten Umsatz- und Vorsteuer, ergibt sich für den Möbelfabrikanten folgendes Bild:

Soll	Vorsteuer	Haben
400		

Soll	Umsatzsteuer	Haben
		752

Durch die Weiterverarbeitung der Holzlatten zu Möbelstücken mit anschließendem Verkauf an den Großhändler ist für den Möbelfabrikanten gegenüber dem Finanzamt eine Umsatzsteuerschuld in Höhe von 752 DM entstanden. Gleichzeitig ist aber bereits beim Einkauf der Holzlatten durch die Kaufpreiszahlung an das Sägewerk eine Forderung in Höhe von 400 DM gegenüber dem Finanzamt entstanden, mit der der Möbelfabrikant die abzuführende Umsatzsteuer verrechnen kann. Im Ergebnis muß demnach nur die Differenz von Umsatz- und Vorsteuer in Höhe von 352,00 DM an das Finanzamt abführen.

	aus dem Möbelverkauf erhaltene Umsatzsteuer	752,00 DM
–	beim Einkauf verausgabte Umsatzsteuer (Vorsteuer)	400,00 DM
=	Differenz (Umsatzsteuerzahllast)	352,00 DM

Buchhalterisch kann die Umsatzsteuerzahllast ermittelt werden, indem das Vorsteuerkonto über das Umsatzsteuerkonto abgeschlossen wird.

Buchungssatz:

	Soll	Haben
Umsatzsteuer	400 DM	
an Vorsteuer		400 DM

Soll — Vorsteuer — Haben

Soll		Haben	
	400	Umbg.	400

Soll — Umsatzsteuer — Haben

Soll		Haben	
Umgb.	400		752
Saldo	352		

Das Saldo auf dem Konto „Umsatzsteuer“ in Höhe von 352,00 DM entspricht exakt der zuvor errechneten Umsatzsteuerzahllast. Je nachdem, wie hoch Ihre Verkaufserlöse pro Jahr sind, müssen sie einmal jährlich, einmal pro Quartal oder sogar monatlich die Umsatzsteuerzahllast ermitteln und bis zum 15. des Folgemonats an das Finanzamt abführen. Die Umsatzsteuerzahllast für den Monat Januar 1999 muß demnach bei monatlicher Veranlagung bis zum 15. Februar 1999 an das Finanzamt überwiesen sein. Der entsprechende Buchungssatz lautet:

	Soll	Haben
Umsatzsteuer	352 DM	
an Bank		352 DM

Am Geschäftsjahresende wird die Umsatzsteuerzahllast in der Schlußbilanz unter der Position „Sonstige Verbindlichkeiten" durch den Buchungssatz Umsatzsteuer an Schlußbilanzkonto passiviert. Das Umsatzsteuerkonto ist somit ein passives Bestandskonto und wird in der Umgangssprache auch als Mehrwertsteuerkonto bezeichnet. Der Ausgleich der Umsatzsteuerzahllast erfolgt dann wieder durch Banküberweisung bis zum 15. des Folgemonats.

Abwandlung: Vorsteuerüberhang

Bis jetzt sind wir immer davon ausgegangen, daß der getätigte Umsatz höher war als der vorgenommene Einkauf, also die Umsatzsteuer betragsmäßig immer die Vorsteuer übertraf. Was ist aber, wenn Sie mehr eingekauft als verkauft haben und demzufolge Ihre Vorsteuer einen höheren Betrag aufweist als Ihre Umsatzsteuer?

Sie beabsichtigen, in Kürze ein Damen- und Herrenbekleidungsgeschäft zu eröffnen. Damit Sie Ihren Kunden ein ausreichendes Sortiment anbieten können, haben Sie bereits bis zum heutigen Tag Waren in einem Gesamtwert von 50 000 DM zzgl. 16 % Umsatzsteuer (also 8 000 DM) eingekauft.

Wie Sie wissen, stellt die an einen Lieferanten gezahlte Umsatzsteuer eine Forderung gegenüber dem Finanzamt dar (Vorsteuer). Sie wissen auch, daß die bei einem Verkauf von Kunden erhaltene Umsatzsteuer an das Finanzamt weitergeleitet werden muß unter gleichzeitiger Anrechnung bereits gezahlter Vorsteuerbeträge. In dem oben angeführten Beispiel besteht allerdings die Besonderheit, daß Sie zwar Vorsteuer und damit eine Forderung gegenüber dem Finanzamt „angesammelt", aber noch keinen Umsatz getätigt haben, der zu einer Umsatzsteuerpflicht führt. Immer dann, wenn der Saldo auf dem Vorsteuerkonto größer als der auf dem Umsatzsteuerkonto ist, haben Sie keine Umsatzsteuerzahllast, sondern einen Vorsteuerüberhang, der zu einer Erstattung seitens des Finanzamtes führt. Die entsprechende Buchung lautet dann:

	Soll	Haben
Umsatzsteuer	... DM	
an Vorsteuer		... DM

Damit ist das Konto „Umsatzsteuer" ausgeglichen. Der verbleibende Betrag auf dem Konto „Vorsteuer" wird durch einen Zahlungseingang vom Finanzamt beglichen. Über das Geschäftsjahresende hinaus muß ein Vorsteuerüberhang als „Sonstige Forderung" mit dem Buchungssatz: Schlußbilanzkonto an Vorsteuer auf die Aktivseite der Bilanz eingestellt werden.

BEISPIEL 3

Ihre Umsatzerlöse im Monat Oktober belaufen sich auf netto 200 000 DM. Gleichzeitig tätigten Sie Rohstoffeinkäufe auf Ziel in einem Gesamtwert von netto 150 000 DM (230 000 DM). Sowohl Ein- als auch Verkäufe unterliegen einem Mehrwertsteuersatz von 16 %. Wie sieht die buchhalterische Behandlung sämtlicher Vorgänge aus, wie wird die Umsatzsteuerzahllast oder der Vorsteuerüberhang korrekt errechnet und verbucht und wie und wann wird im Folgemonat die Zahllast [der Überhang] abgerechnet und gebucht?

Vorüberlegungen:	**Variante 1**	**Variante 2**
Umsatzerlöse netto	200 000 DM	200 000 DM
darauf entfallende Umsatzsteuer mit 16 %	32 000 DM	32 000 DM
Rohstoffeinkäufe netto	150 000 DM	230 000 DM
darauf entfallende Vorsteuer mit 16 %	24 000 DM	36 800 DM

Bildung von Buchungssätzen:	**Variante 1**	**Variante 2**
1. Buchung der Umsatzerlöse:		
Forderungen	232 000 DM	232 000 DM
an Umsatzerlöse	200 000 DM	200 000 DM
an Umsatzsteuer	32 000 DM	32 000 DM
2. Buchung der Rohstoffeinkäufe:		
Rohstoffe	150 000 DM	230 000 DM
Vorsteuer	24 000 DM	36 800 DM
an Verbindlichkeiten	174 000 DM	266 800 DM
3. Ermittlung von Umsatzsteuerzahllast bzw. Vorsteuerüberhang		
wenn Umsatzsteuer > Vorsteuer,	32 000 > 24 000	
dann Umsatzsteuerzahllast	8 000 DM	
wenn Vorsteuer > Umsatzsteuer,		36 800 > 32 000
dann Vorsteuerüberhang		4 800 DM
4. Buchung von Umsatzsteuerzahllast:		
Umsatzsteuer	24 000 DM	
an Vorsteuer	24 000 DM	

5. Buchung des Vorsteuerüberhangs:
   Umsatzsteuer 32 000 DM
   an Vorsteuer 32 000 DM

6. Bankausgleich der Zahllast/des Vorsteuerüberhangs:
   Umsatzsteuer 8 000 DM
   an Bank 8 000 DM

   Bank 4 800 DM
   an Vorsteuer 4 800 DM

Verbuchen auf Konten:

Variante 1 (Umsatzsteuerzahllast):

Verkaufserlöse

Soll		Haben	
		1.	200 000

Umsatzsteuer

Soll		Haben	
4.	24 000	1.	32 000
6.	8 000		

Forderungen

Soll		Haben	
1.	232 000		

Rohstoffe

Soll		Haben	
2.	150 000		

Vorsteuer

Soll		Haben	
2.	24 000	4.	24 000

Verbindlichkeiten

Soll		Haben	
		2.	174 000

Bank

Soll		Haben	
		6.	8 000

Variante 2 (Vorsteuerüberhang):

Soll	Verkaufserlöse		Haben
		1.	200 000

Soll	Umsatzsteuer		Haben
5.	32 000	1.	32 000

Soll	Forderungen		Haben
1.	232 000		

Soll	Rohstoffe		Haben
2.	230 000		

Soll	Vorsteuer		Haben
2.	36 800	5.	32 000
		6.	4 800

Soll	Verbindlichkeiten		Haben
		2.	266 800

Soll	Bank		Haben
6.	4 800		

Weitergehende Buchungen in speziellen Bereichen

Kapitel 10

10.1 Buchungen im Lohn- und Gehaltsbereich

Löhne und Gehälter erhalten Angestellte und Arbeiter für ihren Einsatz im Unternehmen. Der mit dem jeweiligen Arbeitnehmer vereinbarte Bruttolohn wird ihm aber nicht komplett ausgezahlt, vielmehr ist der Arbeitgeber aufgrund gesetzlicher Vorschriften dazu verpflichtet, vom Bruttolohn sowohl Lohnsteuer, Kirchensteuer und Solidaritätszuschlag als auch Sozialversicherungsbeiträge einzubehalten und an die entsprechenden staatlichen Stellen weiterzuleiten. Die Lohn- und Kirchensteuer sowie der Solidaritätszuschlag wird bis zum 10. des Folgemonats an das zuständige Finanzamt abgeführt, die Sozialversicherung (Rentenversicherung, Arbeitslosenversicherung, Krankenversicherung, Pflegeversicherung) an die zuständige Krankenkasse. Für die Lohn- und Kirchensteuer und den Solidaritätszuschlag muß der Arbeitnehmer alleine aufkommen, die Sozialversicherungsbeiträge werden je zur Hälfte vom Arbeitgeber und Arbeitnehmer getragen. (Eine Ausnahme besteht nur dann, wenn es sich um Geringverdiener mit einem monatlichen Verdienst von bis zu 630 DM handelt; in diesem Fall übernimmt der Arbeitgeber den kompletten Sozialversicherungsbeitrag alleine.)

Schematische Übersicht, wie man vom Brutto- zum Nettoverdienst gelangt:

– Bruttoverdienst	
– Lohnsteuer	(ergibt sich aufgrund amtlicher Lohnsteuertabellen)
– Kirchensteuer	(beträgt 8% bzw. 9% der Lohnsteuer)[1]
– Solidaritätszuschlag	(beträgt 5,5% der Lohnsteuer)
– Krankenversicherung	
– Pflegeversicherung	
– Arbeitslosenversicherung	
– Rentenversicherung	
= Nettoverdienst	

[1] 8 % in Baden-Württemberg, Bayern, Bremen und Hamburg; in allen übrigen 9 %

Buchhalterisch werden Löhne, die die Vergütung der Arbeitnehmer im Fertigungsbereich darstellen, anders erfaßt als Gehälter für die in der Verwaltung tätigen Mitarbeiter. Der Grund ist darin zu suchen, daß speziell in Herstellungsbetrieben eine exakte Trennung für Zwecke der Kostenrechnung (z.B. der Selbstkostenrechnung) vorgenommen werden muß. Für Zwecke der Kostenrechnung ist es sogar sinnvoll, innerhalb der Löhne und Gehälter nochmals zu unterteilen in: Fertigungslöhne, Hilfslöhne, Reparaturlöhne, Instandhaltungslöhne, Urlaubslöhne usw.

a) Welche Probleme ergeben sich bei der Errechnung der Lohn- und Kirchensteuer?

Wie zuvor bereits erwähnt, existieren für die korrekte Berechnung der Lohnsteuer amtliche Tabellen. Es kann allerdings durchaus vorkommen, daß zwei Mitarbeiter mit demselben Bruttolohn unterschiedlich hohe Steuerabzüge entrichten müssen. Das kann verschiedene Ursachen haben, z.B.:

- Unterschiedliche Lohnsteuerklasse,
- Steuerpflichtige und steuerfreie Lohnbestandteile oder
- Unterschiedliche Zusammensetzung des Lohnes

Unterschiedliche Lohnsteuerklasse:

In der Bundesrepublik Deutschland werden sechs verschiedene Steuerklassen unterschieden:

Unterschiedliche Lohnsteuerklassen	
Steuerklasse I	Nicht verheiratete, verwitwete oder geschiedene Arbeitnehmer sowie Verheiratete, die ständig getrennt leben.
Steuerklasse II	Arbeitnehmer der Steuerklasse I, sofern sie mindestens ein Kind haben.
Steuerklasse III	Verheiratete, jedoch nicht ständig getrennt lebende Arbeitnehmer, deren Ehegatte keinen Arbeitslohn bezieht oder in die Steuerklasse V eingeordnet ist.
Steuerklasse IV	Verheiratete, nicht ständig getrennt lebende Arbeitnehmer, wenn beide Ehegatten Arbeitslohn beziehen.
Steuerklasse V	Verheiratete, nicht ständig getrennt lebende Ehegatten, die beide Arbeitslohn beziehen, wobei ein Ehegatte auf gemeinsamen Antrag in der Steuerklasse III ist.
Steuerklasse VI	Bezieht ein Arbeitnehmer Arbeitslohn von mehreren Arbeitgebern, wird auf der zweiten und jeder weiteren Lohnsteuerkarte die Steuerklasse VI eingetragen.

Steuerklasse I:

- Ingo und Gaby leben seit einiger Zeit in einer gemeinsamen Wohnung, sind unverheiratet und beide berufstätig. Ingo und Gaby haben jeweils die Steuerklasse I.
- Die Frau von Emil ist vor zwei Jahren gestorben. Seitdem lebt er allein. Emil hat als Witwer die Steuerklasse I.
- Max hat sich vor zwei Jahren von seiner Frau scheiden lassen. Max hat ebenfalls die Steuerklasse I.

Steuerklasse II:

- Der Witwer Emil hat einen minderjährigen Sohn. Unter diesen Bedingungen hat Emil die Lohnsteuerklasse II.
- Inge hat sich von Rolf scheiden lassen und ist mit der gemeinsamen 20-jährigen Tochter, die sich noch in der Ausbildung befindet, ausgezogen. Seit der Scheidung geht Inge wieder einer Beschäftigung nach. Inge hat die Steuerklasse II, weil sich die volljährige Tochter noch in einer Berufsausbildung befindet.

Steuerklasse III:

- Udo und Sigrid sind glücklich verheiratet. Udo ist Angestellter und Sigrid ist Hausfrau. Udo erhält die Steuerklasse III.
- Ralf und Stefanie sind verheiratet. Beide sind berufstätig. Ralf hat die Steuerklasse III gewählt und Stefanie die Steuerklasse V.

Steuerklasse IV:

- Ralf und Stefanie sind verheiratet. Beide sind berufstätig und beide haben die Steuerklasse IV gewählt.

Steuerklasse V:

- Ralf und Stefanie sind verheiratet. Beide sind berufstätig. Stefanie hat die Steuerklasse V gewählt und Ralf die Steuerklasse III.

Steuerklasse VI:

- Udo hat zwei Beschäftigungsverhältnisse bei unterschiedlichen Arbeitgebern. Beim ersten Arbeitgeber hat er als Alleinverdiener die Steuerklasse III gewählt, beim zweiten Arbeitgeber erhält er automatisch bei Vorlage der zweiten Steuerkarte die Steuerklasse VI.

Damit der Arbeitgeber die richtige Steuerklasse für jeden Mitarbeiter bei der Berechnung der Lohnsteuer zugrunde legen kann, ist jeder Mitarbeiter vor Dienstantritt dazu verpflichtet, eine von der Gemeinde ausgestellte Lohnsteuerkarte vorzulegen. In dieser ist neben dem Namen und der Anschrift des Mitarbeiters alles eingetragen, was für eine korrekte und zutreffende Berechnung der monatlich einzubehaltenden Lohnsteuer erforderlich ist, so z.B. die

Steuerklasse, die Zahl der Kinderfreibeträge, die Konfessionszugehörigkeit für den Kirchensteuerabzug und evtl. zu berücksichtigende Steuerfreibeträge.

Steuerpflichtige und steuerfreie Lohnbestandteile

Allgemein sind sämtliche Einnahmen eines Arbeitnehmers aus einem Dienstverhältnis steuerpflichtig. Der Gesetzgeber hat allerdings zu dieser Grundregel Ausnahmen erlassen. Steuerfrei bleiben z.B. folgende Zuwendungen des Arbeitgebers an den Arbeitnehmer:

- Abfindungszahlungen unter bestimmten Bedingungen
- Zuwendungen anläßlich einer Eheschließung bis zu 700 DM
- Zuwendungen anläßlich einer Geburt eines Kindes bis zu 700 DM
- Kindergeldzahlungen
- Entschädigungen für die betriebliche Nutzung von Werkzeugen eines Arbeitnehmers (Werkzeuggeld)
- Unentgeltliche oder verbilligte Sammelbeförderung eines Arbeitnehmers zwischen Wohnung und Arbeitsstätte
- Trinkgelder von Dritten bis zu 2 400 DM im Jahr
- Bestimmte Zuschläge für Sonn-, Feiertags- und Nachtarbeit

Alles was nicht ausdrücklich steuerfrei ist, ist steuerpflichtig, so z.B.:

- Lohn bzw. Gehalt
- Zulagen und Prämien
- Überstundenzuschläge
- Urlaubs- und Weihnachtsgeld
- Ein evtl. gewährtes 14. Monatsgehalt
- geldwerter Vorteil für Sachbezüge (Dienstwohnung, Firmen-Pkw)

Unterschiedliche Zusammensetzung des Lohnes

Nicht alle Zuwendungen des Arbeitgebers an den Arbeitnehmer werden nach der gleichen Lohnsteuertabelle besteuert. Neben Jahreslohnsteuertabellen gibt es auch Monats- und sogar Tageslohnsteuertabellen. Alle regelmäßigen Zahlungen werden nach der Monatslohnsteuertabelle abgerechnet (z.B. laufender Lohn/Gehalt, Überstundenvergütungen), alle einmaligen Zahlungen nach der Jahressteuertabelle (z.B. Urlaubs- und Weihnachtsgeld, Jahresprämien, Urlaubsabgeltung für nicht genommenen Urlaub bei Ausscheiden, Prämien für Verbesserungsvorschläge, Tantiemen).

Alle Lohnabrechnungen der Arbeiter werden in einer „Lohnliste", alle Gehaltsabrechnungen für Angestellte in einer „Gehaltsliste" zusammengefaßt. Aus diesen Listen ergibt sich eine Aufgliederung des Gesamtlohnes/Gesamtgehaltes auf die einzelnen Arbeitnehmer. Die Endsummen bilden die jeweiligen Grundlagen für die vorzunehmenden Buchungen in der Buchhaltung.

b) Probleme bei den Abzügen für die Sozialversicherung

Für die weitere Berechnung wird davon ausgegangen, daß folgende Beitragssätze Gültigkeit besitzen:

Krankenversicherung	(KV)	13,50 %
Pflegeversicherung	(PV)	1,70 %
Arbeitslosenversicherung	(ALV)	6,50 %
Rentenversicherung	(RV)	20,30 %
Summe		42,00 %

Dabei entfallen je 50 % auf den Arbeitnehmer und den Arbeitgeber (also je 21 %).

Genau wie die Lohnsteuer wird auch der zu entrichtende Sozialversicherungsbeitrag ausgehend vom Bruttolohn berechnet. Anders als bei der Lohnsteuer gibt es bei den Sozialversicherungsabzügen nach oben gesetzte „Höchstgrenzen“. Diese nennt man auch Beitragsbemessungsgrenzen; sie werden jedes Kalenderjahr neu festgesetzt. Für das Jahr 1999 betragen sie für die Rentenversicherung 102 000 DM und für die Arbeitslosen-, Pflege- und Krankenversicherung 76 500 DM pro Jahr. Auf den einzelnen Monat bezogen wird der Rentenversicherungsbeitrag höchstens von einem Monatslohn von 8 500 DM ausgerechnet, der Beitrag für die Arbeitslosen-, Pflege- und Krankenversicherung von einem Monatslohn von 6 375 DM. Der darüberhinausgehende Einkommensbetrag unterliegt nicht mehr der Sozialversicherungspflicht.

BEISPIEL

Der Sozialversicherungsbeitrag für den Arbeitnehmer beläuft sich bei einem monatlichen Bruttoggehalt von:

a) 3 540 DM
b) 5 700 DM
c) 6 800 DM
d) 10 000 DM auf wieviel DM?

Wie zuvor bereits ausgerechnet, beträgt die gesamte Sozialversicherung bis zu einem monatlichen Einkommen von 6 375 DM insgesamt 21,00 % vom Bruttoeinkommen und damit bei

a) 743,40 DM (21 % von 3 540 DM)
b) 1 197,00 DM (21 % von 5 700 DM).
Bei c) und d) muß weiter unterteilt werden:
c) 1 381,89 DM (10,85 % von 6 375 DM und 10,15 % von 6 800 DM)

d) 1 554,44 DM (10,85 % von 6 375 DM und 10,15 % von 8 500 DM).

Die buchhalterische Erfassung im Lohn- und Gehaltsbereich:

Wie Ihnen spätestens aus den vorherigen Seiten bekannt ist, bekommt ein Arbeitnehmer von seinem Bruttolohn nur den Teil ausgezahlt, der nach den gesetzlichen Abzügen für Lohn- und Kirchensteuer inkl. Solidaritätszuschlag sowie den Sozialversicherungsbeiträgen übrigbleibt. Die Abzüge muß der Arbeitgeber im Auftrag des Arbeitnehmers an das Finanzamt und an die Krankenkasse abführen.

BEISPIEL

Ein Arbeitnehmer erhält einen Bruttolohn von 4 500 DM. An Lohn- und Kirchensteuer sowie an Solidaritätszuschlag fallen 478,65 DM (geschätzt) an, die Sozialversicherung beträgt 945 DM (21 % von 4 500 DM). Zusätzlich muß der Arbeitgeber den gleichen Betrag an die Sozialversicherung bezahlen.

Löhne und Gehälter sowie der Arbeitgeberanteil zur Sozialversicherung stellen für den Arbeitgeber Kosten dar. Würde in unserem Beispiel Bruttolohn gleich Nettolohn sein, müßte gebucht werden:

	Soll	**Haben**
Lohnkosten	4 500 DM	
an Bank		4 500 DM

Sie wissen aber, daß vom Bruttolohn noch Abzüge in Höhe von 1 423,65 DM (478,65 DM + 945 DM) heruntergerechnet werden, so daß der Arbeitnehmer entsprechend weniger (nämlich 4 500 DM – 1 423,65 DM = 3 076,35 DM) ausgezahlt bekommt.

Somit muß der weiterentwickelte Buchungssatz lauten:

	Soll	**Haben**
Lohnkosten	4 500,00 DM	
an „?“		1 423,65 DM
an Bank		3 076,35 DM

Würden die abzuführenden Beiträge vom Arbeitgeber sofort überwiesen, müßte für das ? ebenfalls das Konto Bank eingesetzt werden. Aus dem bereits Gelesenen wissen Sie aber, daß sowohl die Lohnsteuer/Kirchensteuer/der Solidaritätszuschlag als auch die Sozialversicherungsbeiträge erst bis zum 10. des auf die Lohnzahlung folgenden Monats bezahlt werden müssen. Demzufolge werden die abzuführenden Beiträge bis zur endgültigen Bezahlung auf Verbindlichkeitskonten „zwischengeparkt". Zwecksmäßigerweise werden dabei die Verbindlichkeiten gegenüber dem Finanzamt buchhalterisch von den Verbindlichkeiten gegenüber der Krankenkasse getrennt.

	Soll	Haben
Lohnkosten	4 500,00 DM	
an Verbindlichkeiten gegenüber der Krankenkasse		945,00 DM
an Verbindlichkeiten gegenüber dem Finanzamt		478,65 DM
an Bank		3 076,35 DM

Das ist aber noch nicht alles; der Arbeitgeber „schießt" nochmals in gleicher Höhe den Sozialversicherungsbeitrag zu. Dieser wird wiederum separat erfaßt und gebucht:

	Soll	Haben
Arbeitgeberanteil zur Sozialversicherung (Kostenkonto)	945,00 DM	
an Verbindlichkeiten gegenüber der Krankenkasse		945,00 DM

Die Ausgleichsbuchung erfolgt dann spätestens am 10. des Folgemonats bei Überweisung der abzuführenden Beträge durch folgende Buchung:

	Soll	Haben
Verbindlichkeiten gegenüber der Krankenkasse	1 890,00 DM	
Verbindlichkeiten gegenüber dem Finanzamt	478,65 DM	
an Bank		2 368,65 DM

Zum besseren Verständnis wird der gesamte Vorfall nochmals auf Konten gebucht:

Soll	Lohnkosten	Haben
1)	4 500,00	

Soll	AG-Anteil Soz.Vers.	Haben
2)	945,00	

Soll	Bank		Haben
		1)	3 076,35
		3)	2 368,65

Soll	Verb. Krankenkasse		Haben
3)	1 890,00	1)	945,00
		2)	945,00

Soll	Verb. Finanzamt		Haben
3)	478,65	1)	478,65

1)	Soll	Haben
Lohnkosten	4 500,00 DM	
an Verbindlichkeiten gegenüber der Krankenkasse		945,00 DM
an Verbindlichkeiten gegenüber dem Finanzamt		478,65 DM
an Bank		3 076,35 DM

2)	Soll	Haben
Arbeitgeberanteil zur Sozialversicherung	945,00 DM	
an Verbindlichkeiten gegenüber der Krankenkasse		945,00 DM

3)	Soll	Haben
Verbindlichkeiten gegenüber der Krankenkasse	1 890,00 DM	
Verbindlichkeiten gegenüber dem Finanzamt	478,65 DM	
an Bank		2 368,65 DM

Im Ergebnis bleibt festzuhalten, daß Sie Kosten in Höhe von 5 445,00 DM (Lohnkosten 4 500 DM und Arbeitgeberanteil zur Sozialversicherung 945 DM) haben, die in derselben Höhe durch die Bank überwiesen wurden (3 076,35 DM + 2 368,65 DM), wohingegen nach der Bezahlung beide Verbindlichkeitenkonten einen ausgeglichenen Saldo aufweisen.

In der Praxis kommt es immer wieder vor, daß bei der Lohn- und Gehaltsabrechnung weitere Besonderheiten auftreten:

a) Es werden Mitarbeitern Vorschüsse gewährt, die mit den nächsten Monatslöhnen verrechnet werden.
b) Die Mitarbeiter erbitten Abschlagszahlungen auf das Monatsgehalt.
c) Neben dem Barlohn/Bargehalt werden dem Mitarbeiter noch andere „geldwerte" Vorteile gewährt (z.B. Firmen-Pkw, Zuschuß zur Mahlzeit, verbilligte Wohnungsüberlassung).

Zu a) Es werden Mitarbeitern Vorschüsse gewährt, die mit den nächsten Monatslöhnen verrechnet werden:

Sie gewähren einem Ihrer Mitarbeiter Anfang Oktober 1999 einen Vorschuß auf zukünftige Lohnzahlungen in Höhe von 4 000 DM. Dabei wird vereinbart, daß der Mitarbeiter diesen Vorschuß in monatlichen Raten von 400 DM zurückzahlt (er bekommt also zehn Monate lang jeden Monat 400 DM weniger Nettogehalt ausgezahlt). Es sei in Analogie zu unserem letzten Beispiel angenommen, daß der Mitarbeiter ein monatliches Bruttogehalt von 4 500 DM erhält. An Lohn- und Kirchensteuer sowie an Solidaritätszuschlag fallen 478,65 DM (geschätzt) an, die Sozialversicherung beträgt wieder 945 DM (21 % von 4 500 DM). Zusätzlich muß der Arbeitgeber den gleichen Betrag an Sozialversicherung aufwenden. Entscheidende Frage hier ist: Wie wird der Vorschuß korrekt verbucht?

Der Vorschuß muß so verbucht werden, daß Sie Ende des Jahres insgesamt 12 000 DM (für die Monate Oktober bis Dezember) Lohnkosten plus 2 835 DM Arbeitgeberanteil zur Sozialversicherung (3 x 945 DM) gewinnmindernd in Ihrer Gewinn- und Verlustrechnung berücksichtigt haben. Die Folge daraus ist, daß der Gehaltsvorschuß „erfolgsneutral" auf dem Konto

„Forderungen gegenüber Mitarbeitern" erfaßt werden muß, d.h. der ausgezahlte Vorschuß in Höhe von 4 000 DM im Oktober darf keinen Einfluß auf die Kosten in Ihrer Gewinn- und Verlustrechnung nehmen.

Zum besseren Verständnis wird der gesamte Vorfall auf Konten gebucht:

Soll	Lohnkosten		Haben
2)	4 500,00		

Soll	AG-Anteil Soz.Vers.		Haben
3)	945,00		

Soll	Bank		Haben
		1)	4 000,00
		2)	2 676,35

Soll	Verb. Krankenkasse		Haben
		2)	945,00
		3)	945,00

Soll	Verb. Finanzamt		Haben
		2)	478,65

Soll	Ford. geg. MA		Haben
1)	4 000,00	2)	400,00

Der Vorschuß in Höhe von 4 000 DM wird Anfang Oktober an den Mitarbeiter ausgezahlt:

1)	Soll	Haben
Forderungen gegenüber Mitarbeitern	4 000,00 DM	
an Bank		4 000,00 DM

Ende Oktober wird die erste Rate von 400 DM vom Nettogehalt einbehalten:

2)	Soll	Haben
Lohnkosten	4 500,00 DM	
an Verbindlichkeiten gegenüber der Krankenkasse		945,00 DM
an Verbindlichkeiten gegenüber dem Finanzamt		478,65 DM
an Forderungen gegenüber Mitarbeitern		400,00 DM
an Bank		2 676,35 DM

3)	Soll	Haben
Arbeitgeberanteil zur Sozialversicherung	945,00 DM	
an Verbindlichkeiten gegenüber der Krankenkasse		945,00 DM

Sie erkennen im zweiten Buchungssatz, daß der Nettolohn gegenüber unserem Ausgangsbeispiel um 400 DM gesunken ist (1/10 von 4 000). Aufgrund der buchhalterischen Forderung Soll gleich Haben wird der übriggebliebene Betrag in Höhe von 400 DM auf der Habenseite des Kontos „Forderungen gegenüber Mitarbeitern“ verbucht. Wenn Sie in der vorgestellten Weise buchen, zeigt Ihnen der Saldo des Kontos „Forderungen gegenüber Mitarbeitern” immer den aktuellen Stand dessen an, wieviel noch mit zukünftigen Lohnzahlungen verrechnet werden muß. Das Konto weist Ende Oktober einen Saldo von 3 600 DM auf, was exakt einer Restlaufzeit von neun Monaten á 400 DM gleichkommt. Haben Sie mehreren Mitarbeitern Vorschüsse gewährt, richten Sie einfach für jeden ein eigenes Forderungskonto ein.

Zu b) Die Mitarbeiter erbitten Abschlagszahlungen auf das Monatsgehalt:

Ähnlich wie bei den Vorschüssen werden auch Abschlagszahlungen an Mitarbeiter zunächst erfolgsunwirksam erfaßt und am Ende des Monats erfolgswirksam verrechnet. Abschlagszahlungen werden von den Mitarbeitern innerhalb eines Monats zurückgezahlt, die Rückzahlung von Vorschüssen kann sich dagegen auf mehrere Monate erstrecken.

BEISPIEL

Sie gewähren einem Ihrer Mitarbeiter Anfang Oktober 1999 eine Abschlagszahlung auf den noch zu zahlenden Oktoberlohn in Höhe von 400 DM. Genau wie in unserem letzten Beispiel sei auch hier wieder angenommen, daß der Mitarbeiter ein monatliches Bruttogehalt von 4 500 DM erhält. An Lohn- und Kirchensteuer sowie an Solidaritätszuschlag fallen 478,65 DM (geschätzt) an, die Sozialversicherung beträgt ebenfalls wieder 945 DM (21 % von 4 500 DM). Zusätzlich muß der Arbeitgeber nochmals den gleichen Betrag an Sozialversicherung aufwenden.

Zum besseren Verständnis wird der gesamte Vorfall auf Konten gebucht:

Soll	Lohnkosten		Haben
2)	4 500,00		

Soll	AG-Anteil Soz.Vers.		Haben
3)	945,00		

Soll	Bank		Haben
		1)	400,00
		2)	2 676,35

Soll	Verb. Krankenkasse		Haben
		2)	945,00
		3)	945,00

Soll	Verb. Finanzamt		Haben
		2)	478,65

Soll	Ford. geg. MA		Haben
1)	400,00	2)	400,00

1)	Soll	Haben
Forderungen gegenüber Mitarbeitern	400,00 DM	
an Bank		400,00 DM

2)	Soll	Haben
Lohnkosten	4 500,00 DM	
an Verbindlichkeiten gegenüber der Krankenkasse		945,00 DM
an Verbindlichkeiten gegenüber dem Finanzamt		478,65 DM
an Forderungen gegenüber Mitarbeitern		400,00 DM
an Bank		2 676,35 DM

3)	Soll	Haben
Arbeitgeberanteil zur Sozialversicherung	945,00 DM	
an Verbindlichkeiten gegenüber der Krankenkasse		945,00 DM

Wie Sie sicherlich richtig erkannt haben, stellt eine Abschlagszahlung buchhalterisch nichts anderes als einen Vorschuß dar, der zum nächsten Monatsende komplett zurückgezahlt wird.

Zu c) Neben dem Barlohn/Bargehalt werden dem Mitarbeiter noch andere geldwerte Vorteile gewährt:

Unter den Begriff „geldwerter Vorteil" fällt alles, was ein Arbeitgeber dem Arbeitnehmer im Rahmen seines Beschäftigungsverhältnisses zukommen läßt und nicht in einer Geldzahlung besteht, z.B. Zurverfügungstellung eines Firmen-Pkws, der auch privat genutzt werden darf; verbilligte Mahlzeiten; Werkswohnung zu einem verbilligten Mietpreis usw. Diese Annehmlichkeiten müssen allerdings vom Arbeitnehmer lohnversteuert werden, d.h. er muß einen bestimmten Betrag mit seinem individuellen Steuersatz dafür versteuern, daß er den geldwerten Vorteil in Anspruch nimmt.

BEISPIEL

Ein Arbeitnehmer erhält einen Bruttolohn von 4 500 DM. An Lohn- und Kirchensteuer sowie an Solidaritätszuschlag fallen 478,65 DM (geschätzt) für den Lohn an, die Sozialversicherung beträgt 945 DM (21 % von 4 500 DM). Zusätzlich muß der Arbeitgeber nochmals den gleichen Betrag an Sozialversicherung bezahlen. Darüber hinaus stellen Sie Ihrem Arbeitnehmer noch einen Firmen-Pkw zur Verfügung, den er auch für Privatfahrten nutzen darf. Es sei angenommen, daß der Anschaffungspreis des Pkw brutto (also inkl. gesetzlicher Mehrwertsteuer) 40 070 DM beträgt und sich die Entfernung von der Wohnung zur Arbeitsstätte auf drei Kilometer beläuft.

Nach der sogenannten 1 %-Regelung hängt die Höhe des zu versteuernden geldwerten Vorteils (Sachbezug) von zwei Faktoren ab:

1. dem auf volle Hundert DM gekürzten Bruttoanschaffungspreis des Pkws (also inkl. der gesetzlichen Mehrwertsteuer)
2. von der Entfernungsstrecke Wohnung – Arbeitsstätte des Arbeitnehmers, dem ein Firmenfahrzeug zur Verfügung gestellt wird.

Die Berechnung des geldwerten Vorteils muß nach aktuellem Steuerrecht für unser Beispiel wie folgt vorgenommen werden:

1 % von 40 000 (40 070 DM auf volle Hundert DM nach unten gerundet)	=	400,00 DM
+ 0,03 % von 40 000 x 3 Entfernungskilometer	=	36,00 DM
= Summe des zu versteuernden geldwerten Vorteils	=	436,00 DM

Die Lohnabrechnung des Mitarbeiters sieht vereinfacht so aus:

	Bruttolohn	4 500,00 DM
+	geldwerter Vorteil	436,00 DM[1]
=	Gesamtbezüge	4 936,00 DM
–	Lohnsteuer, Kirchensteuer Solidaritätszuschlag	526,61 DM[2]
–	Sozialversicherung	1 036,56 DM[3]
=	Nettobezüge	3 372,83 DM
–	geldwerter Vorteil	436,00 DM[1]
=	Barauszahlung	2 936,83 DM

[1] Der geldwerte Vorteil muß lohnversteuert werden. Zu diesem Zweck wird er in der Lohnabrechnung zum Bruttolohn hinzuaddiert. Dadurch wird sichergestellt, daß er ordnungsgemäß sowohl der Lohnsteuer als auch der Sozialversicherung unterworfen wird. Da der Arbeitnehmer den Pkw bereits vom Arbeitgeber gestellt bekommen hat und ihn auch nutzt, muß der nur für steuer- und sozialversicherungsrechtliche Zwecke errechnete Betrag in Höhe von 436 DM in unserem Beispiel vom Nettolohn wieder subtrahiert werden; andernfalls würde dem Arbeitnehmer sowohl ein Pkw zur Verfügung gestellt als auch eine „Lohnerhöhung" gewährt.

[2] Die Steuerabzüge setzen sich zusammen aus 478,65 DM für den Bruttolohn von 4 500 DM und geschätzten 47,96 DM für den geldwerten Vorteil in Höhe von 436,00. (Anmerkung: Die exakten Steuerabzugsbeträge können in einer amtlichen Steuerabzugstabelle exakt nachgelesen werden; für unser Beispiel wurden sie zum Zwecke der Erklärung und Vereinfachung geschätzt.)

[3] Der zu zahlende Sozialversicherungsbeitrag bezieht sich nunmehr auf einen höheren Gesamtbezug von insgesamt 4 936 DM incl. der 436 DM für den geldwerten Vorteil. 21 % von 4 936 DM sind 1 036,56 DM.

Für Sie als Unternehmer kommt bei der Verbuchung unseres Beispiels noch eine weitere Besonderheit hinzu. Für den Arbeitgeber stellt der gewährte geldwerte Vorteil immer eine umsatzsteuerpflichtige Leistung dar. Umsatzsteuerlich liegt ein sogenannter „tauschähnlicher Umsatz" vor, deren Wert sich nach der nicht in Barlohn abgegoltenen Arbeitsleistung (hier also 436 DM) bemißt, mit der Folge, daß aus dem Gesamtbetrag des geldwerten Vorteils noch 16 % Umsatzsteuer herausgerechnet werden müssen. Umsatzsteuerlich stellt der Betrag von 436 DM demnach 116 % dar.

	375,86 DM	(100 %)
+	60,14 DM	(16 %)
=	436,00 DM	(116 %)

Verbuchung des gesamten Sachverhaltes auf Konten:

Soll	Lohnkosten		Haben
1)	4 936,00		

Soll	AG-Anteil Soz.Vers.		Haben
2)	1 036,56		

Soll	Bank		Haben
		1)	2 936,83

Soll	Verb. Krankenkasse		Haben
		1)	1 036,56
		3)	1 036,56

Soll	Verb. Finanzamt		Haben
		1)	526,61

Soll	sonst. betr. Erträge		Haben
		1)	375,86

Soll	Umsatzsteuer 16 %		Haben
		1)	60,14

1)	Soll	Haben
Lohnkosten	4 936,00 DM	
an Verbindlichkeiten gegenüber der Krankenkasse		1 036,56 DM
an Verbindlichkeiten gegenüber dem Finanzamt		526,61 DM
an sonstige betriebliche Erträge		375,86 DM
an Umsatzsteuer (16 %)		60,14 DM
an Bank		2 936,83 DM

2)	Soll	Haben
Arbeitgeberanteil zur Sozialversicherung	1 036,56 DM	
an Verbindlichkeiten gegenüber der Krankenkasse		1 036,56 DM

10.2 Buchungen im Einkaufs- und Verkaufsbereich

In der Praxis kommt es speziell beim Verbuchen von Ein- und Ausgangsrechnungen häufig zu Problemen.

a) Häufig vorkommende Buchungen im Einkaufsbereich:

Sie beziehen von Ihrem Lieferanten Rohstoffe für 20 000 DM zzgl. 16 % Mehrwertsteuer. Daneben fallen für den Transport und die Verpackung noch Bezugskosten in Höhe von 3 000 DM zzgl. 16 % Mehrwertsteuer an. Nach der Materialeingangsprüfung in Ihrem Hause stellen Sie fest, daß Rohstoffe im Wert von 2 500 DM zzgl. 16 % Mehrwertsteuer wegen unzureichender Qualität an den Lieferanten zurückgeschickt werden müssen. Aufgrund weiterer verschiedener Mängelrügen einigen Sie sich mit ihm darauf, daß er Ihnen einen zusätzlichen Preisnachlaß von insgesamt 1 500 DM (netto) gewährt, den Sie bei der Bezahlung sofort in Abzug bringen können. Sie bezahlen den verbleibenden Rechnungsbetrag für die Rohstofflieferung innerhalb von zehn Tagen unter Abzug von 3 % Skonto und die gesamten Bezugskosten ohne jeden Abzug.

Mit diesem Beispiel haben Sie den Großteil der in der Praxis vorkommenden Fälle abgedeckt. Wir werden es nun genauer analysieren und einzeln durchsprechen. Neben der eigentlichen Rohstofflieferung (Rohstoffbezug) fallen Verpackungs- und Transportkosten (Bezugskosten) an. Ein Teil der Rohstoffe schicken Sie an Ihren Lieferanten zurück; für einen weiteren Teil der Sendung vereinbaren Sie einen nachträglichen Preisnachlaß. Sämtliche nicht beanstandeten Rechnungsbeträge bezahlen Sie unter Ausnutzung von Skonto (Skontoabzug).

1.) Rohstoffbezug und Bezugskosten:
Sie beziehen von Ihrem Lieferanten für 20 000 DM Rohstoffe. Daneben fallen für den Transport und die Verpackung Bezugskosten in Höhe von 3 000 DM an.

Es kommt in der Praxis häufig vor, daß neben den reinen Materialkosten zusätzlich noch Kosten für den Bezug des Materials aufgewendet werden müssen. Zu den Anschaffungskosten zählen alle Aufwendungen, die Sie leisten müssen, um einen Vermögensgegenstand (z.B. Rohstoffe) zu erwerben und in einen betriebsbereiten Zustand zu versetzen, soweit sie dem Vermögensgegenstand einzeln zugeordnet werden können. Weiterhin zählen auch

Nebenkosten (z.B. Bezugskosten) zu den Anschaffungskosten. Nebenkosten sind alle Aufwendungen, die Sie zusätzlich tätigen, um den Vermögensgegenstand zu erwerben, soweit sie einem bestimmten Vermögensgegenstand einzeln zugeordnet werden können, z.B. Kosten für die Verpackung, Transportkosten, Versicherungskosten, Einfuhrzölle. In unserem Beispiel beziehen sich die 3 000 DM Transport- und Verpackungskosten nicht auf irgendeine Lieferung, sondern können eindeutig der Rohstofflieferung zugeordnet werden. Insofern stellen sie Nebenkosten der Anschaffung dar und gehen damit in die Anschaffungskosten ein. Nicht zu den Anschaffungskosten zählt die Vorsteuer, da sie nur ein „durchlaufender Posten" ist.

Für die Verbuchung des Rohstoffbezugs und der Bezugskosten haben sich in der Praxis zwei Arten von Buchungen bewährt:

- Eine Buchung über ein Konto
- Zwei Buchungen über zwei Konten

Eine Buchung über ein Konto bedeutet, daß die 20 000 DM für den Rohstoffbezug und die 3 000 DM für die Bezugskosten addiert und in einer Summe auf das Konto „Rohstoffe" gebucht werden.

	Soll	Haben
Rohstoffe	23 000 DM	
Vorsteuer	3 680 DM	
an Verbindlichkeiten		26 680 DM

Alternativ haben Sie auch die Möglichkeit, den Rohstoffbezug mit 20 000 DM auf das Konto „Rohstoffe" zu verbuchen und für die Bezugskosten ein separates Konto mit dem Namen „Bezugskosten für Rohstoffe" anzulegen, das Ende des Jahres über das Rohstoffkonto abgeschlossen wird.

	Soll	Haben
Rohstoffe	20 000 DM	
Vorsteuer	3 200 DM	
an Verbindlichkeiten		23 200 DM

	Soll	Haben
Bezugskosten für Rohstoffe	3 000 DM	
Vorsteuer	480 DM	
an Verbindlichkeiten		3 480 DM

Am Jahresende:	Soll	Haben
Rohstoffe	3 000 DM	
an Bezugskosten für Rohstoffe		3 000 DM

Wie Sie sehen, führen letztendlich beide Buchungsalternativen zum selben Ergebnis; in beiden Fällen steht Ende des Jahres auf dem Konto „Rohstoffe" ein Betrag von 23 000 DM im Soll. Jedoch hat die zweite Buchungsvariante den Vorteil, daß Sie jederzeit einen Überblick darüber haben, wieviel Geld Sie innerhalb eines Jahres für Bezugskosten ausgegeben haben.

Sie können sich nicht nur für das Konto „Rohstoffe" ein separates Bezugskostenkonto anlegen, sondern für jedes Wareneingangskonto, z.B. auch für Hilfsstoffe, Betriebsstoffe, bezogene Waren, Fertigteile, Material, usw. Damit haben Sie einen ständigen Überblick darüber, welchen Teil die Bezugskosten vom eigentlichen Wareneingang ausmachen.

2.) Rücksendungen durch uns an unseren Lieferanten:
In unserem Ausgangsbeispiel sind wir davon ausgegangen, daß Sie nach der Materialeingangsprüfung Rohstoffe im Wert von 2 500 DM plus 16 % Mehrwertsteuer wegen unzureichender Qualität an Ihren Lieferanten zurückgeschickt haben. Im Ergebnis müssen Sie in Ihrer Buchführung so verfahren, daß Sie auf dem Konto „Rohstoffe" einen Zugang von 20 000 DM + 3 000 DM – 2 500 DM = 20 500 DM ausweisen. Eine Rücksendung wird buchhalterisch so behandelt, als ob die Lieferung überhaupt nicht stattgefunden hätte. Im konkreten Fall heißt das, daß die Rücksendung genau umgekehrt gebucht werden muß wie die Lieferung. Wenn Sie bereits die Lieferung mit dem Buchungssatz

	Soll	Haben
Rohstoffe	23 000 DM	
Vorsteuer	3 680 DM	
an Verbindlichkeiten		26 680 DM

in Ihrer Buchführung erfaßt haben, buchen Sie die anschließende Teilrücksendung auf denselben Konten, nur auf der anderen Seite, also:

	Soll	Haben
Verbindlichkeiten	2 900 DM	
an Rohstoffe		2 500 DM
an Vorsteuer		400 DM

Haben Sie die Materialeingangsprüfung vor der buchhalterischen Erfassung vorgenommen, können Sie auch den Rechnungsbetrag sofort um den Betrag der Rücksendung kürzen und entsprechend buchen:

	Soll	Haben
Rohstoffe	20 500 DM	
Vorsteuer	3 280 DM	
an Verbindlichkeiten		23 780 DM

Beide Kombinationen kommen zum selben Ergebnis: Zum Schluß steht auf dem Konto „Rohstoffe" ein korrekter Betrag von 20 500 DM.

3.) Preisnachlaß, den uns ein Lieferant gewährt:
Preisnachlässe aufgrund von Mängelrügen, nachträglich gewährte Rabatte oder Jahresboni mindern die Anschaffungskosten des bezogenen Materials. Sie zählen zu den Anschaffungspreisminderungen und senken sofort die Anschaffungskosten der bezogenen Materialien. In unserem Beispielfall haben Sie sich mit Ihrem Lieferanten auf einen zusätzlichen Preisnachlaß von insgesamt 1 500 DM netto geeinigt. Genau wie bei den Bezugskosten haben Sie die Möglichkeit, den Preisnachlaß sofort über das Rohstoffkonto abzuwickeln oder ein Zwischenkonto „Gewährte Nachlässe" einzuschieben, welches am Jahresende über das Rohstoffkonto abgeschlossen wird.

1. Möglichkeit:

	Soll	Haben
Rohstoffe	18 500 DM	
Vorsteuer	2 960 DM	
an Verbindlichkeiten		21 460 DM

2. Möglichkeit:

	Soll	Haben
Rohstoffe	20 000 DM	
Vorsteuer	3 200 DM	
an Verbindlichkeiten		23 200 DM

	Soll	Haben
Verbindlichkeiten	1 740 DM	
an gewährte Nachlässe		1 500 DM
an Vorsteuer		240 DM

Am Jahresende:	Soll	Haben
gewährte Nachlässe	1 500 DM	
an Rohstoffe		1 500 DM

Unabhängig von Ihrer Wahl führen auch hier wieder beide Buchungsalternativen zu demselben Ergebnis; am Ende des Jahres steht auf dem Konto „Rohstoffe" in beiden Fällen ein Betrag von 18 500 DM im Soll. Jedoch bietet es sich auch hier wieder an, für Nachlässe ein separates Konto einzurichten, um das Zahlenwerk Ihrer Buchführung transparenter zu gestalten.

Sie haben auch die Möglichkeit, jedem Wareneingangskonto ein separates „Nachlaßkonto" zuzuordnen, so z.B. für Rohstoffe, Hilfsstoffe, Betriebsstoffe, Bezogene Waren, Waren, Fertigteile, Material usw. Sie dürfen nur nicht vergessen, diese Konten am Jahresende über das jeweilige Wareneingangskonto abzuschließen.

4.) Wir bezahlen die Eingangsrechnung unter Abzug von Skonto:
Grundsätzlich ist jeder Lieferant daran interessiert, möglichst schnell sein Geld für die gelieferte Ware zu erhalten. Um den Kunden dazu zu bewegen, seine Rechnung pünktlich zu begleichen, wird meistens vereinbart, daß vom Rechnungsbetrag Skonto einbehalten werden kann, wenn er innerhalb einer bestimmten Zeit zahlt. In unserem Beispiel ist der Abzug von 3 % Skonto erlaubt, wenn die Rechnung innerhalb von zehn Tagen beglichen wird. Skonto stellt damit eine Belohnung für die vorzeitige Zahlung dar.

Sie sollten in jedem Fall versuchen, sämtliche Rechnungen unter Ausnutzung von Skonto zu begleichen, selbst wenn Sie dafür einen kurzfristigen Kredit bei Ihrer Bank aufnehmen müssen. Eine Vereinbarung: Abzug von 2 % Skonto bei Zahlung innerhalb von 10 Tagen oder 30 Tage netto gleicht einem Jahreszinssatz von 36 % (360 Tage/20 Tage x 2 %). Mit anderen Worten: Dafür, daß Sie Ihre Rechnung nur 20 Tage früher bezahlen, können Sie sich 2 % vom Rechnungsbetrag abziehen. Würden Sie das 18mal hintereinander mit demselben Lieferanten wiederholen, hätten Sie innerhalb eines Jahres eine zusätzliche Ersparnis von 36 %. Damit liegt das Einsparungspotential immer noch deutlich über einem kurzfristigen Kontokorrentzinssatz von beispielsweise 12,5 % bei Ihrer Hausbank.

Der in Anspruch genommene Skontoabzug stellt für Sie als Geldschuldner einen nachträglichen Ertrag dar, der Ihre Schuld vermindert. In der Praxis ist es deshalb üblich, diesen „Ertrag" auf einem separaten Konto „Skontoertrag" zu erfassen.

Sie kaufen Waren für 2 000 DM plus 16 % Mehrwertsteuer ein und bezahlen die Rechnung innerhalb von zehn Tagen unter Abzug von 2 % Skonto.

	Soll	Haben
Waren	2 000,00 DM	
Vorsteuer	320,00 DM	
an Verbindlichkeiten		2 320,00 DM

	Soll	Haben
Verbindlichkeiten	2 320,00 DM	
an Skontoertrag		40,00 DM
an Vorsteuer		6,40 DM
an Bank		2 273,60 DM

An diesem Beispiel erkennen Sie, daß der Skontoertrag genau wie der Wareneingang netto gebucht wird und die Vorsteuer separat berichtigt wird. Das muß auch so sein, aber warum?

Im Ergebnis darf bei einem Kauf von Waren im Wert von 2 000 DM und 2 % Skontoabzug bei vorzeitiger Zahlung buchhalterisch nichts anderes erfaßt werden, als wenn von vornherein ein Preisnachlaß von 2 % gewährt worden wäre. Bei einem zweiprozentigen Preisnachlaß hätten Sie auf dem Konto „Waren" nur 1 960 DM (2000 – 2 %) eingebucht. Bei einem Kauf im Wert von 2 000 DM und einem nachträglichen Skontoabzug von 40 DM wird dasselbe Ergebnis dadurch erreicht, daß der Skontoabzug von 40 DM dem Wareneingang von 2 000 DM gegenübergestellt wird, was wiederum einen Saldo von 1 960 DM ergibt. Ebenfalls fällt in beiden Fällen eine Vorsteuer von „nur" 313,60 DM an. Im ersten Fall eines zweiprozentigen Preisnachlasses 313,60 DM (= 1 960 x 16 %); im zweiten Fall 313,60 DM (320 – 6,40).

5.) Zusammengesetzter Buchungssatz für eine Eingangsrechnung inkl. aller Varianten:

Spätestens zu diesem Zeitpunkt sollten Sie in der Lage sein, den zusammengesetzten Buchungssatz für unser Ausgangsbeispiel zu bilden. Dazu nochmals alle Varianten im Überblick:

	Soll	**Haben**
Rohstoffe	20 000 DM	
Vorsteuer	3 200 DM	
an Verbindlichkeiten		2 320 DM

	Soll	**Haben**
Bezugskosten für Rohstoffe	3 000 DM	
Vorsteuer	480 DM	
an Verbindlichkeiten		3 480 DM

	Soll	**Haben**
Verbindlichkeiten	2 900 DM	
an Rohstoffe		2 500 DM
an Vorsteuer		400 DM

	Soll	**Haben**
Verbindlichkeiten	1 740 DM	
an gewährte Nachlässe		1 500 DM
an Vorsteuer		240 DM

Am Jahresende:	**Soll**	**Haben**
Rohstoffe	3 000 DM	
an Bezugskosten für Rohstoffe		3 000 DM
gewährte Nachlässe	1 500 DM	
an Rohstoffe		1 500 DM

Der zusammengesetzte Buchungssatz besteht aus der Summation sämtlicher zuvor einzeln durchgesprochener Buchungssätze.

Lieferung	Soll	Haben
Rohstoffe	17 500,00 DM	
Bezugskosten für Rohstoffe	3 000,00 DM	
Vorsteuer	3 040,00 DM	
an gewährte Nachlässe		1 500,00 DM
an Verbindlichkeiten		22 040,00 DM

Bezahlung	Soll	Haben
Verbindlichkeiten	22 040,00 DM	
an Skontoerträge		480,00 DM[1]
an Vorsteuer		76,80 DM[1]
an Bank		21 483,20 DM

Am Jahresende:	Soll	Haben
Rohstoffe	1 500 DM	
gewährte Nachlässe	1 500 DM	
an Bezugskosten für Rohstoffe		3 000 DM

b) Häufig vorkommende Buchungen im Verkaufsbereich:

Das Beispiel zum Einkaufsbereich läßt sich ebenso auf den Verkaufsbereich übertragen. Damit haben Sie auch im Verkaufsbereich alle Möglichkeiten anhand eines ausführlichen Beispiels durchgespielt.

[1] Bei der Bezahlung müssen sich die kompletten Verbindlichkeiten aus Lieferungen und Leistungen in Höhe von 22 040 DM ausgleichen. Aus der Aufgabenstellung geht allerdings hervor, daß nur vom Betrag der Rohstoffe 3 % Skonto abgezogen werden darf, nicht hingegen von den Bezugskosten (diese werden ohne jeden Abzug bezahlt). Demzufolge ergibt sich auch nur ein Skontoertrag netto von 17 500 – 1 500 = 16 000 x 3 % = 480 DM und damit eine Vorsteuerberichtigung in Höhe von 16 % von 480 = 76,80 DM.

Ein Kunde bezieht von Ihnen Fertigerzeugnisse für 20 000 DM zzgl. 16 % Mehrwertsteuer. Nach der Materialeingangsprüfung stellt er fest, daß ein Teil der Fertigerzeugnisse erhebliche Mängel aufweist und schickt Ihnen deshalb bereits verkaufte Ware im Gesamtwert von 2 500 DM zzgl. 16 % Mehrwertsteuer zurück. Aufgrund weiterer verschiedener Beanstandungen Ihres Kunden einigen Sie sich mit ihm darauf, daß Sie ihm einen zusätzlichen Preisnachlaß von insgesamt 1 500 DM (netto) gewähren, den er bei der Bezahlung sofort in Abzug bringen kann. Der Kunde bezahlt den verbleibenden Rechnungsbetrag für die Fertigerzeugnisse innerhalb von zehn Tagen unter Abzug von 3 % Skonto.

1. Verkauf von Fertigerzeugnissen/Produkte:

Verkaufen Sie einem Kunden Ihre Produkte oder Fertigerzeugnisse, bringt dieser Vorgang für Sie Verkaufserlöse. Wenn der Kunde nicht sofort bezahlt, begründen Sie damit auch gleichzeitig eine Forderung ihm gegenüber. Genau wie beim Einkauf fallen beim Verkauf von Waren/Produkten/Fertigerzeugnissen zusätzlich 16 % Mehrwertsteuer (in Ausnahmefällen 7 %) zum Verkaufspreis Ihrer Waren an. Wie Sie bereits wissen, stellt die Umsatzsteuer für Sie nur einen durchlaufenden Posten dar. Die buchhalterische Erfassung in Ihren Geschäftsunterlagen sieht so aus:

	Soll	**Haben**
Forderungen	23 200 DM	
an Verkaufserlöse		20 000 DM
an 16 % Umsatzsteuer		3 200 DM

Ihr Kunde muß demnach insgesamt 23 200 DM an Sie bezahlen. Die an Sie gezahlten 3 200 DM Umsatzsteuer kann er sich als Vorsteuer beim Finanzamt zurückholen, wohingegen Sie die als Verbindlichkeit ausgewiesene Umsatzsteuer an das Finanzamt abführen müssen. Einer Forderung aus Lieferungen und Leistungen in Höhe von 23 200 DM stehen demzufolge Verkaufserlöse von 20 000 DM netto und eine 16 %ige Umsatzsteuer darauf in Höhe von 3 200 DM gegenüber.

2. Rücksendungen des Kunden:

In unserem Ausgangsbeispiel gingen wir davon aus, daß nach einer erfolgten Materialeingangsprüfung beim Kunden Fertigerzeugnisse im Gesamtwert von 2 500 DM zzgl. 16 % Umsatzsteuer wegen erheblicher Mängel an uns zurückgeschickt werden. Häufig genug kommt es in der Praxis vor, daß Kunden mit den von uns gelieferten Waren oder Produkten nicht einverstanden sind, daß Produkte fehlerhaft oder mit mehr oder minder großen Mängeln behaftet sind.

Im Ergebnis müssen Sie in Ihrer Buchführung so verfahren, daß Sie auf dem Konto „Verkaufserlöse" einen Zugang von 20 000 DM – 2 500 DM = 17 500 DM ausweisen. Eine Rücksendung wird buchhalterisch so behandelt, als ob die Lieferung überhaupt nicht stattgefunden hätte. Im konkreten Fall heißt das, daß die Rücksendung genau „umgekehrt" gebucht werden muß wie die Lieferung.

Bei der Lieferung haben Sie gebucht:

	Soll	**Haben**
Forderungen	23 200 DM	
an Verkaufserlöse		20 000 DM
an 16 % Umsatzsteuer		3 200 DM

Bei einer Rücksendung muß die beanstandete „Teilrücksendung" demnach auf denselben Konten, nur auf der anderen Seite, zurückgebucht werden:

	Soll	**Haben**
Verkaufserlöse	2 500 DM	
16 % Umsatzsteuer	400 DM	
an Forderungen		2 900 DM

Durch die Buchung der Rücksendung auf den gleichen Konten wie beim Verkaufsvorgang, nur auf der anderen Seite, erreichen Sie letztendlich, daß das Konto „Verkaufserlöse" 17 500 DM im Haben ausweist, 2 800 DM als 16 %ige Umsatzsteuer im Haben gebucht wurden und dem insgesamt eine Forderung in Höhe von 20 300 DM gegenübersteht.

3. Preisnachlaß, den wir einem Kunden gewähren:

Bei einem gewährten Preisnachlaß wird der Kunde ebenfalls weniger als ursprünglich gebucht bezahlen, nur sendet er hierbei keine Ware zurück, sondern behält stattdessen die Ware, für die er aber weniger als ursprünglich vereinbart bezahlen muß. In unserem Beispiel sind wir davon ausgegangen, daß nochmals ein zusätzlicher Preisnachlaß von 1 500 DM (netto) gewährt wird, der bei der Bezahlung berechtigterweise in Abzug gebracht werden kann.

Ebenso wie im Einkaufsbereich wird auch im Verkaufsbereich für Preisnachlässe aufgrund von Mängelrügen, nachträglich gewährten Rabatten oder Jahresboni in der Buchführung ein separates Konto mit der Bezeichnung „Erlösschmälerungen" eingerichtet, das am Jahresende über das Konto „Verkaufserlöse" abgeschlossen wird.

	Soll	Haben
Erlösschmälerung	1 500 DM	
16 % Umsatzsteuer	240 DM	
an Forderungen		1 740 DM

Am Jahresende:	Soll	Haben
Verkaufserlöse	1 500 DM	
an Erlösschmälerung		1 500 DM

Über das Zwischenkonto „Erlösschmälerungen" vermindern sich Ihre Verkaufserlöse zwar auch um 1 500 DM, jedoch haben Sie bei der Einrichtung eines zusätzlichen Kontos jederzeit Überblick darüber, wieviel DM an Erlös Ihnen pro Jahr dadurch entgingen, daß Sie Preisnachlässe aufgrund von Mängelrügen oder zusätzlichen Rabatten gewähren mußten. Damit haben Sie auch auf der Verkaufsseite den ständigen Überblick über Ihr betriebliches Geschehen.

Haben Sie für jeweils eine Produktgruppe ein Erlöskonto, können Sie ohne weiteres auch für jedes dieser Konten ein separates Erlösschmälerungskonto einrichten. Nur müssen Sie am Jahresende das Erlösschmälerungskonto über das jeweilige Verkaufserlöskonto abschließen.

4. Kunde zieht sich bei der Bezahlung der Ausgangsrechnung Skonto ab:
So wie Sie von Ihrem Lieferanten Skonto fordern, fordern auch Ihre Kunden von Ihnen einen Anreiz für vorzeitige Zahlung.

Der in Anspruch genommene Skontoabzug stellt für Sie als Zahlungsempfänger einen nachträglichen Aufwand dar, der Ihren Zahlungseingang vermindert. In der Praxis ist es deshalb üblich, ihn auf einem separaten Konto „Skontoaufwand" zu erfassen.

Sie verkaufen Waren für 2 000 DM plus 16 % Mehrwertsteuer an einen Kunden. Dieser bezahlt die Rechnung innerhalb von zehn Tagen unter Abzug von 2 % Skonto.

	Soll	Haben
Forderungen	2 320 DM	
an Verkaufserlöse		2 000 DM
an 16 % Umsatzsteuer		320 DM

	Soll	Haben
Bankeingang	2 273,60 DM	
Skontoaufwand	40,00 DM	
16 % Umsatzsteuer	6,40 DM	
an Forderungen		2 320,00 DM

Aus diesem Beispiel wird deutlich, daß der Skontoaufwand netto gebucht und die Umsatzsteuer separat berichtigt wird. Sie werden sich jetzt sicher nach dem Warum fragen.

Im Ergebnis darf bei einem Verkauf von Waren im Wert von 2 000 DM und 2 % Skontoabzug bei vorzeitiger Zahlung buchhalterisch nichts anderes erfaßt werden, als wenn von vornherein ein Preisnachlaß von 2 % gewährt worden wäre. Bei einem zweiprozentigen Preisnachlaß hätten Sie auf dem Konto Verkaufserlöse nur 1 960 DM (2 000 – 2 %) eingebucht. Bei einem Verkauf im Wert von 2 000 DM und einem nachträglichen Skontoabzug von 40 DM wird dasselbe Ergebnis dadurch erreicht, daß der Skontoabzug von 40 DM dem Verkaufserlös von 2 000 DM gegenübergestellt wird, was wiederum einen Saldo von 1 960 DM ergibt. Ebenfalls fällt in beiden Fällen eine Umsatzsteuer von „nur" 313,60 DM an. Im ersten Fall eines zweiprozentigen Preisnachlasses 313,60 DM (= 1 960 x 16 %); im zweiten Fall 313,60 DM (320 - 6,40).

5. Zusammengesetzter Buchungssatz für eine Ausgangsrechnung inkl. aller Varianten:

	Soll	Haben
Forderungen	23 200 DM	
an Verkaufserlöse		20 000 DM
an 16 % Umsatzsteuer		3 200 DM

	Soll	Haben
Verkaufserlöse	2 500 DM	
16 % Umsatzsteuer	400 DM	
an Forderungen		2 900 DM

	Soll	Haben
Erlösschmälerung	1 500 DM	
16 % Umsatzsteuer	240 DM	
an Forderungen		1 740 DM

Am Jahresende:	**Soll**	**Haben**
Verkaufserlöse	1 500 DM	
an Erlösschmälerung		1 500 DM

Der zusammengesetzte Buchungssatz besteht aus der Summation sämtlicher zuvor einzeln durchgesprochener Buchungssätze.

Verkaufsvorgang:	**Soll**	**Haben**
Forderungen	18 560,00 DM	
Erlösschmälerung	1 500,00 DM	
an Verkaufserlöse		17 500,00 DM
an 16 % Umsatzsteuer		2 560,00 DM

Bezahlung	**Soll**	**Haben**
Bank	18 003,20 DM	
Skontoaufwand	480,00 DM[1]	
16 % Umsatzsteuer	76,80 DM[1]	
an Forderungen		18 560,00 DM

Am Jahresende:	**Soll**	**Haben**
Verkaufserlöse	1 500,00 DM	
an Erlösschmälerung		1 500,00 DM

Exkurs:
Speziell bei Handelsbetrieben hat das Warenkonto innerhalb der Buchführung eine herausragende Stellung. In der Praxis ist es dort durchaus üblich, nur ein einziges Warenkonto zu führen, auf dem sowohl Wareneingänge (auf der

[1] Bei der Bezahlung werden nur von dem skontofähigen Betrag in Höhe von 16 000 DM 3 % Skonto (480 DM) abgezogen und die Umsatzsteuer entsprechend berichtigt (16 % von 480 = 76,80 DM).

Sollseite) als auch Warenausgänge (auf der Habenseite) erfaßt werden (selbstverständlich ohne Berücksichtigung der Umsatzsteuer auf dem Warenkonto). Diese einfache und handliche Vorgehensweise birgt aber zwei Gefahren in sich:

- Der Saldo am Jahresende entspricht in der Regel nicht dem Endbestand.
- Der Jahresendsaldo gibt keinerlei Auskunft über den erwirtschafteten Rohgewinn.

In der Regel wird der Verkauf von Waren zu einem höheren Preis erfolgen als der Einkauf. Da aber sowohl der Warenverkauf als auch der Wareneinkauf auf einem einzigen Konto erfaßt werden, wird sich im Laufe des Jahres das Vermischen von Mengen- und Wertabweichungen nicht vermeiden lassen.

Am besten wird es sein, Ihnen alles anhand eines einfachen Beispiels zu erklären:

Sie betreiben den An- und Verkauf von unbearbeitetem Holz in Form eines Handelswarengeschäftes. Der Warenanfangsbestand (ermittelt durch Inventur) beträgt 10 000 DM. Innerhalb des Monats Januar haben Sie für insgesamt 40 000 DM Holz eingekauft und in derselben Zeit Holz für 44 000 DM verkauft. Während dieser Zeit haben Sie an Ihren Lieferanten beschädigte Ware im Wert von 2 000 DM zurückgeschickt. Außerdem hat Ihr Lieferant einen Preisnachlaß von 1 000 DM gewährt. Im Januar haben auch verschiedene Kunden Holz an Sie zurückgeschickt, was sich auf einen Gesamtbetrag von insgesamt 3 000 DM beläuft. Außerdem mußten Sie Ihrer Kundschaft Preisnachlässe von insgesamt 2 000 DM zugestehen. Am Ende des Monats wurde der Warenbestand durch körperliche Bestandsaufnahme ermittelt. Der Bestand hat einen Wert von 20 000 DM. (Vereinfachend sei unterstellt, daß sämtliche Preisangaben Nettowerte, d.h. ohne die Umsatzsteuer, sind.)

Weil für den Ein- und Verkauf jetzt nur ein einziges Konto zur Verfügung steht, müssen auf diesem auch sämtliche Buchungen sowohl für den Einkaufs- als auch für den Verkaufsbereich verbucht werden. Was dabei auf welcher Seite mit welchem Preis gebucht werden muß, zeigt folgende Übersicht:

Soll	Warenkonto	Haben
1. Anfangsbestand zum Nettoeinkaufspreis		1. Warenverkäufe zum Nettoverkaufspreis
2. Wareneinkäufe zum Nettoeinkaufspreis		2. Rücksendungen an Lieferanten zum Nettoeinkaufspreis
3. Rücksendungen zum Nettoverkaufspreis		3. Preisnachlässe von Lieferanten zum Nettoeinkaufspreis
4. Preisnachlässe an Kunden zum Nettoverkaufspreis		4. Warenentnahmen
5. Rohgewinn		5. Endbestand zum Nettoeinkaufspreis

Stehen die Wareneinkäufe zum Nettoeinkaufspreis auf der Sollseite des Kontos, müssen Rücksendungen an bzw. Preisnachlässe von Lieferanten auf der Habenseite des Kontos verbucht werden. Umgekehrt stehen Warenverkäufe zum Nettoverkaufspreis im Haben und Rücksendungen von bzw. Preisnachlässe an Kunden folgerichtig im Soll. Auch Privatentnahmen, die ein Geschäftsinhaber aus dem Geschäftsvermögen tätigt, stehen auf der Habenseite und werden in der Regel mit dem Nettoeinkaufspreis angesetzt. Da das Warenkonto ein Aktivkonto ist (d.h. es steht in der Bilanz auf der Aktivseite), hat dieses den Anfangsbestand im Soll und den Endbestand im Haben. Der Rohgewinn ermittelt sich als Unterschiedsbetrag (Saldo) zwischen den ersten vier Positionen der Sollseite und der gesamten Habenseite.

Soll		Warenkonto	Haben
1. Warenanfangsbestand laut Inventur	10 000	1. Warenverkäufe	44 000
2. Wareneinkäufe	40 000	2. Rücksendungen an Lieferanten	2 000
3. Rücksendungen von Kunden	3 000	3. Preisnachlässe von Lieferanten	1 000
4. Preisnachlässe an Kundden	2 000	4. Endbestand laut Inventur	20 000
5. Rohgewinn	12 000		
Summe	67 000	Summe	67 000

Der Rohgewinn kann zur Kontrolle ebenfalls noch in einer Vergleichsrechnung ermittelt werden:

	Warenendbestand
–	Warenanfangsbestand
+	wirtschaftlicher Umsatz
–	wirtschaftlicher Wareneinsatz
=	wirtschaftlicher Rohgewinn

Der wirtschaftliche Umsatz stellt sämtliche Warenverkäufe abzüglich aller Rücksendungen von Kunden und abzüglich aller Preisnachlässe an Kunden dar.

	Warenverkäufe	44 000 DM
–	Rücksendungen von Kunden	3 000 DM
–	Preisnachlässe an Kunden	2 000 DM
=	wirtschaftlicher Umsatz	39 000 DM

Der wirtschaftliche Wareneinsatz umfaßt sämtliche Buchungen im Einkaufsbereich, also Wareneinkäufe minus Rücksendungen an Lieferanten, Preisnachlässe von Lieferanten und evtl. Privatentnahmen.

	Wareneinkäufe	40 000 DM
–	Rücksendungen an Lieferanten	2 000 DM
–	Preisnachlässe von Lieferanten	1 000 DM
–	Privatentnahmen	0 DM
=	wirtschaftlicher Wareneinsatz	37 000 DM

	Warenendbestand	20 000 DM
–	Warenanfangsbestand	10 000 DM
+	wirtschaftlicher Umsatz	39 000 DM
–	wirtschaftlicher Wareneinsatz	37 000 DM
=	wirtschaftlicher Rohgewinn	12 000 DM

Bei der Verwendung nur eines Kontos sowohl für Wareneingänge als auch für Warenausgänge sollten Sie bedenken, daß der Endbestand nur durch körperliche Bestandsaufnahme ermittelt werden kann, da der buchmäßige Saldo einen Erfolgsanteil (Rohgewinn oder Rohverlust) und den tatsächlichen Endbestand beinhaltet. Das kommt dadurch, daß sich der auf der Sollseite gebuchte Warenanfangsbestand und die Wareneinkäufe entweder auf der Habenseite als Verkaufserlöse niederschlagen oder als Warenendbestand in Erscheinung treten. Im Ergebnis bleibt der Warenrohgewinn (oder Rohverlust) als Saldo übrig.

Besser ist es dagegen, neben einem reinen Warenbestandskonto ein separates Warenerfolgskonto zu führen.

Ein Möbelhändler hat im Laufe des Monats Januar folgende Geschäfte netto getätigt (Beträge in DM, aus Vereinfachungsgründen soll die Umsatzsteuer außen vor bleiben):

Möbeleinkauf am 02.1. für 6 500
Möbeleinkauf am 07.1. für 5 400
Möbeleinkauf am 12.1. für 3 900
Möbeleinkauf am 18.1. für 4 300
Möbeleinkauf am 26.1. für 7 100
Möbeleinkauf am 31.1. für 4 500

Verkauf am 05.01. für 7 800
Verkauf am 10.01. für 7 400
Verkauf am 15.01. für 6 500
Verkauf am 25.01. für 7 000
Verkauf am 30.01. für 9 900

Die buchmäßige Behandlung der einzelnen Geschäftsvorfälle auf einem separaten Warenbestands- und Warenerfolgskonto sieht so aus:

Soll	**Warenbestandskonto**		**Haben**
02.01. Einkauf	6 500	05.01. Verkauf	6 500
07.01. Einkauf	5 400	10.01. Verkauf	5 400
12.01. Einkauf	3 900	15.01. Verkauf	3 900
18.01. Einkauf	4 300	25.01. Verkauf	4 300
26.01. Einkauf	7 100	30.01. Verkauf	7 100
31.01. Einkauf	4 500	31.01. Bestand	4 500
Summe	31 700	Summe	31 700

Soll	**Warenerfolgskonto**		**Haben**
Rohgewinn	11 400	05.01. Verkauf	1 300
		10.01. Verkauf	2 000
		15.01. Verkauf	2 600
		25.01. Verkauf	2 700
		30.01. Verkauf	2 800

Durch die Trennung in ein Bestands- und Erfolgskonto läßt sich nicht nur der Warenendbestand schneller mit einer Inventur abgleichen, sondern Sie haben auch jederzeit einen Überblick über Ihre Rohgewinnhöhe, ohne vorher umfangreiche Berechnungen anstellen zu müssen.

Die Auflösung in ein separates Warenbestands- und Warenerfolgskonto ist jedoch nur bei Waren sinnvoll und möglich, die entweder sehr wertvoll sind oder nur in geringen Mengen umgesetzt werden. Nur durch die direkte Gegenüberstellung von Ein- und Verkauf der jeweiligen Waren ist es möglich, das Warenerfolgskonto genau zu führen. Ein solches Vorgehen scheidet damit für Güter des täglichen Bedarfs, die in hohen Stückzahlen gehandelt werden, aus, weil sich ein Zuordnen der Verkaufsmenge zur richtigen Einkaufsmenge nicht durchführen läßt.

10.3 Abschreibungen – ein Problem?

Wie Sie bereits aus dem Bilanzschema wissen, gibt es auf der Aktivseite sowohl das Anlage- als auch das Umlaufvermögen. Zum Anlagevermögen zählen alle Vermögensgegenstände, die dem Unternehmen länger als ein Jahr zur Verfügung stehen, zum Umlaufvermögen alle anderen. In der Regel stehen die Vermögensgegenstände des Anlagevermögens allerdings nicht auf unbegrenzte Zeit zur Verfügung. Sie unterliegen einem Material- und damit auch Werteverschleiß. Mit anderen Worten: Irgendwann einmal muß jedes Anlagegut durch ein neues ersetzt werden. Deshalb sind bei Vermögensgegenständen des Anlagevermögens, deren Nutzung zeitlich begrenzt ist, die Anschaffungs- oder Herstellungskosten um planmäßige Abschreibungen zu vermindern. Die Abschreibungen stellen dabei den Werteverzehr des Vermögensgegenstandes auf die gesamte Nutzungsdauer gesehen dar.

Sie sollten bereits an dieser Stelle zwei Dinge strikt voneinander trennen:

- Kauf des Vermögensgegenstandes ⇨ erfolgsneutraler Vorgang
- Abschreibung des Vermögensgegenstandes ⇨ erfolgswirksamer Vorgang

Der Kaufvorgang eines Vermögensgegenstandes des Anlagevermögens berührt Ihren Gewinn insofern nicht, als daß durch diesen Geschäftsvorfall kein Erfolgskonto berührt wird. Es wird lediglich auf Bilanzkonten (und damit erfolgsneutral) gebucht, z.B. Firmen-Pkw an Bank.

Erst die „Stückelung" des Gesamtkaufpreises auf die voraussichtliche Nutzungsdauer führt in den Folgejahren zur „portionsweisen" Gewinnminderung. Die jährliche Wertminderung (und damit auch der jährliche Werteverzehr) wird durch die Abschreibung zum Ausdruck gebracht. Ziel des Buchungssatzes **Abschreibungen an Anlagevermögen** ist nicht nur die Gewinnminderung.

Vorrangig geht es um folgenden Kreislauf:

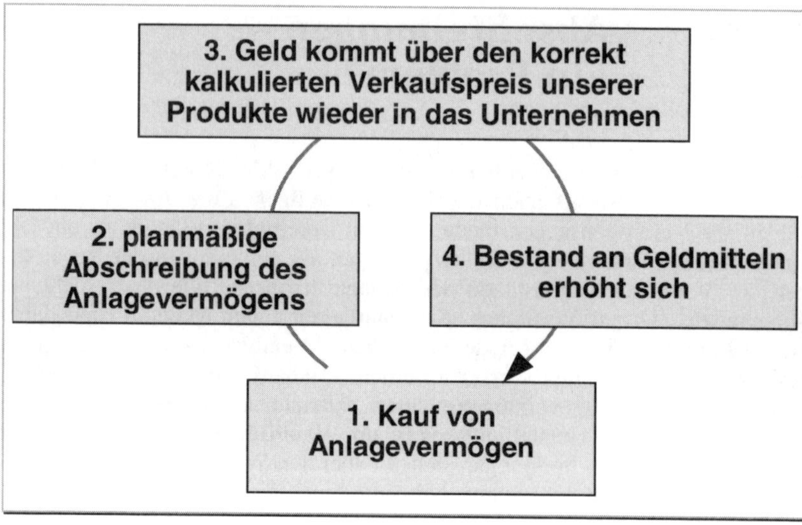

1. Ein Vermögensgegenstand des Anlagevermögens wurde erworben, z.B. eine Maschine für 10 000 DM.
2. Wird unterstellt, daß die Maschine eine betriebsgewöhnliche Nutzungsdauer von zehn Jahren hat, können jedes Jahr 1 000 DM (10 000 DM/ zehn Jahre) als Abschreibungen gewinnmindernd angesetzt werden.
3. Sind die Preise für Ihre Produkte kostengerecht kalkuliert worden, so sind in den Preisen auch die Kosten für die Abschreibung eingerechnet. Somit fließen Ihnen über Ihre Umsatzerlöse jedes Jahr die in den Preis einkalkulierten Abschreibungsbeträge in Form von Geld zurück.
4. Der höhere Bargeldbestand (in der Kasse oder auf dem Bankkonto) kann wieder dazu verwendet werden, in zehn Jahren eine neue Maschine zu kaufen, um die alte zu ersetzen.

Hauptsinn einer Abschreibung ist es, sich nach Ablauf der Nutzungsdauer aus dem Umsatzprozeß heraus durch eigene Kraft wieder ein neues Anlagegut zu kaufen (sogenannte Selbstfinanzierung).

Nach dem Gesetz sind mehrere Abschreibungsarten erlaubt. Die in der Praxis gebräuchlichsten sind allerdings die lineare, die degressive und die Leistungs-Abschreibung.

Unterschiede zwischen linearer und degressiver Abschreibung	
♦ lineare Abschreibung: ♦ jedes Jahr gleich hoher Abschreibungsbetrag	♦ degressive Abschreibung: ♦ jedes Jahr unterschiedlich hoher Abschreibungsbetrag

♦ Abschreibungssatz berechnet sich aus 100 % geteilt durch die Nutzungsdauer	♦ Abschreibungssatz ist höchstens das Dreifache der linearen Abschreibung und maximal 30 %
♦ gilt für alle Anlagegüter	♦ gilt nur für bewegliche Anlagegüter
♦ wird jedes Jahr vom ursprünglichen Anschaffungswert berechnet	♦ wird jedes Jahr vom Buchwert des letzten Jahres berechnet

BEISPIEL

Sie kaufen am 2.1.1999 eine neue Maschine zu einem Preis von 10 000 DM. Die voraussichtliche Nutzungsdauer beträgt zehn Jahre.

Die lineare Abschreibung beträgt jedes Jahr 1 000 DM (10 000 DM/zehn Jahre Nutzungsdauer). Die degressive Abschreibung beträgt im ersten Jahr 3 000 DM (10 000 DM x 30 %), im zweiten Jahr 2 100 DM usw.

Unterschiede zwischen linearer und degressiver Abschreibung

	lineare Abschreibung	degressive Abschreibung
Kauf einer Maschine am 2.1. 1999 zum Preis von	10 000	10 000
Abschreibung im Jahr 1999	1 000	3 000
Buchwert am 31.12. 1999	9 000	7 000
Abschreibung im Jahr 2000	1 000	2 100
Buchwert am 31.12. 2000	8 000	4 900
Abschreibung im Jahr 2001[1]	1 000	1 470
Buchwert 31.12. 2001	7 000	3 430
Abschreibung im Jahr 2002	1 000	1 029
Buchwert 31.12. 2002	6 000	2 401
Abschreibung im Jahr 2003	1 000	720
Buchwert 31.12. 2003	5 000	1 681
Abschreibung im Jahr 2004	1 000	504
Buchwert 31.12. 2004	4 000	1 177
Abschreibung im Jahr 2005	1 000	353
Buchwert 31.12. 2005	3 000	824
Abschreibung im Jahr 2006	1 000	247
Buchwert 31.12. 2006	2 000	577

[1] Die degressive Abschreibung für das Jahr 2001 berechnet sich aus 30 % vom Buchwert am 31.12. des letzten Jahres, hier also 30 % vom Buchwert am 31.12. 2000 in Höhe von 4 900 DM.

Abschreibung im Jahr 2007	1 000	173
Buchwert 31.12. 2007	1 000	404
Abschreibung im Jahr 2008	999	121
Buchwert 31.12. 2008	1	283

An diesem Beispiel erkennen Sie sehr deutlich, daß die Abschreibungsbeträge speziell in den ersten vier Jahren bei der degressiven Abschreibung höher sind als bei der linearen. Dafür sinken sie aber in den Folgejahren deutlich unter die der linearen ab. Da bei den meisten Anlagegütern der Wertverlust in den ersten Jahren nach der Neuanschaffung am höchsten ist, spiegelt die degressive Abschreibung in vielen Fällen ein realistischeres Bild wider als die lineare. Wie aus dem Beispiel zu ersehen ist, wird bei Anwendung der degressiven Abschreibung der Nullwert des Anlagegutes nach Ablauf der zehnjährigen Nutzungsdauer nicht erreicht. Deshalb ist ein Übergang von der degressiven zur linearen Abschreibung erlaubt, nicht jedoch umgekehrt. Im Falle eines Wechsels bemißt sich die Abschreibung für die dann noch verbleibende Zeit der Nutzung nach dem vorhandenen Restbuchwert und der Restnutzungsdauer. Grundsätzlich ist der Übergang von der degressiven zur linearen Abschreibung zu jeder Zeit erlaubt, sinnvoll ist ein solcher Übergang aber erst, wenn nach dem Übergang die lineare Abschreibung höher ist als die degressive im Falle eines Nichtwechsels. Der optimale Zeitpunkt zum Wechseln ist in unserem Beispiel im achten Jahr nach der Anschaffung, also im Jahr 2006.

Übergangszeitpunkt von der degressiven zur linearen Abschreibung		
	degressive Abschreibung	Übergang zur linearen Abschreibung
...	...	...
Buchwert 31.12. 2005	824	
Abschreibung im Jahr 2006	247	→ [1] 275
Buchwert 31.12. 2006	577	549
Abschreibung im Jahr 2007	173	275
Buchwert 31.12. 2007	404	274
Abschreibung im Jahr 2008	121	273
Buchwert 31.12. 2008	283	1

[1] Der Buchwert am 31.12.2005 beträgt 824 DM. Bei Beibehaltung der degressiven Abschreibung ergäbe sich für das Jahr 2006 ein Abschreibungsbetrag von 247 DM (30 % von 824 DM). Im Falle eines Wechsels von der degressiven zur linearen Abschreibung bemißt sich die jährliche Restabschreibung zwar auch vom selben Buchwert in Höhe von 824 DM, aber verteilt auf noch drei Nutzungsjahre. Somit ergibt sich ein linearer Abschreibungsbetrag in Höhe von 275 DM jährlich.

Betriebsgewöhnliche Nutzungsdauer in Jahren	5	6	7	8	10	12	14	18	20
Übergang von degregressiven zur linearen Abschreibung ab dem ... WJ	3.	4.	5.	6.	8.	9.	11.	14.	15.

Ihnen wird sicherlich aufgefallen sein, daß der Buchwert am Ende der Nutzungsdauer noch eine DM beträgt. Diese eine DM sollte auch in Ihren Büchern als sogenannter „Erinnerungswert" stehenbleiben. Es soll daran erinnert werden, daß z.B. der Vermögensgegenstand „Maschine" zwar bereits voll abgeschrieben, aber immer noch in Betrieb ist. Erst im Falle ihres Ausscheidens aus dem Unternehmen, z.B. durch Verkauf, Verschenken, Verschrotten usw., wird auch der Erinnerungswert von einer DM ausgebucht.

Bei der Festlegung der betriebsgewöhnlichen Nutzungsdauer gibt es zur Orientierung von der Finanzverwaltung zusammengestellte Abschreibungstabellen:

Checkliste über die jährliche Abschreibungshöhe bei verschiedenen Vermögensgegenständen		
Vermögensgegenstand:	durchschnittliche betriebsgewöhnliche Nutzungsdauer (in Jahren):	lineare Abschreibung in %
Alarm- u. Überwachungsanlagen	8	12
Autotelefon	4	25
Betriebs-Lkw	7	14
Bohrmaschine	5	20
Büromöbel	10	10
Drucker	4	25
Firmen-Pkw	5	20
Grünanlagen	10	10
Fabrikationshalle (Leichtbauweise)	25	4
Fabrikationshalle (Massivbauweise)	10	10
Kopiergerät	5	20
Personalcomputer	4	25
Scanner	4	25
Schweiß- und Lötgerät	10	10
Transportanlagen	10	10

Statt der linearen oder degressiven Abschreibung können Sie bei beweglichen Wirtschaftsgütern des Anlagevermögens die Abschreibung auch nach der Maßgabe der Leistung des Vermögensgegenstandes vornehmen, sofern es wirtschaftlich begründet ist. Dabei ist der auf das einzelne Jahr entfallende Umfang der Leistung nachzuweisen. Ein solches Vorgehen ist immer dann sinnvoll, wenn die Leistung in den einzelnen Jahren erheblichen Schwankungen unterworfen ist und somit auch der Verschleiß unterschiedlich schnell voranschreitet. Kriterien für die Berechnung der jährlichen Abschreibungshöhe sind dann die Anschaffungskosten und die (geschätzte) betriebsgewöhnliche Gesamtleistung.

Nach dem Kauf eines Lkws für Ihr Unternehmen schätzen Sie, daß Sie ihn insgesamt 500 000 Kilometer betrieblich nutzen können. Nach dem ersten Jahr lesen Sie von Ihrem Kilometerzähler einen Stand von 180 000 Kilometer ab. Unter Berücksichtigung von 500 000 DM Anschaffungskosten, können Sie bei der Abschreibungsmethode nach der beanspruchten Leistung bereits im ersten Jahr 180 000 DM (500 000 DM/500 000 km x 180 000 km) abschreiben.

10.3.1 Beginn der Abschreibung

Die Pflicht zur Abschreibung eines Vermögensgegenstandes beginnt grundsätzlich mit der Anschaffung oder Herstellung. Bei der Anschaffung ist das der Zeitpunkt der Lieferung, bei der Herstellung der Zeitpunkt der Fertigstellung. Für sämtliche Wirtschaftsgüter, die im Laufe des Jahres angeschafft oder hergestellt worden sind, kommt nur eine zeitanteilige Abschreibung für das Anschaffungsjahr in Betracht und zwar nur der Teil des auf ein Jahr entfallenden Abschreibungsbetrages, der dem Zeitraum zwischen der Anschaffung oder Herstellung des Vermögensgegenstandes und dem Ende des Jahres entspricht.

Sie haben im abgelaufenen Geschäftsjahr 1999 am 15. Mai einen neuen Firmen-Pkw für 50 000 DM mit einer betriebsgewöhnlichen Nutzungsdauer von zehn Jahren gekauft. Für das Geschäftsjahr 1999 kommt nur eine zeitanteilige Abschreibung (pro rata temporis) vom 15.5. bis zum 31.12. (7,5 Monate) in Betracht.

Berechnung der normalen Jahresabschreibung:

$$\frac{\text{Anschaffungskosten}}{\text{Nutzungsdauer}} = \text{jährliche Abschreibungshöhe}$$

$$\frac{50\,000\ \text{DM}}{10\ \text{Jahre}} = 5\,000\ \text{DM pro Jahr}$$

Berechnung der zeitanteiligen Abschreibung für die Zeit vom 15.5. bis zum 31.12.1999:

$$\frac{\text{Jahresabschreibung}}{12\ \text{Monate}} \times \text{anteilige Monate der Nutzung}$$

$$\frac{5\,000\ \text{DM}}{12\ \text{Monate}} \times 7{,}5\ \text{Monate} = 3\,125\ \text{DM}$$

zeitanteilige Abschreibung für das Geschäftsjahr 1999[1]

Die taggenaue oder auf volle Monate gerundete Abschreibungsberechnung für das Jahr der Anschaffung oder Herstellung ist umständlich, zeitintensiv und kann mit vielen Rechenfehlern behaftet sein. Deshalb ist es bei beweglichen Wirtschaftsgütern des Anlagevermögens (also keinen Grundstücken oder immateriellen Wirtschaftsgütern) aus Vereinfachungsgründen nicht zu beanstanden, wenn für die in der ersten Hälfte eines Wirtschaftsjahres angeschafften oder hergestellten Güter der für das gesamte Jahr in Betracht kommende Abschreibungsbetrag und für die in der zweiten Hälfte des Wirtschaftsjahres angeschafften oder hergestellten Güter die Hälfte des für das gesamte Jahr in Betracht kommenden Abschreibungsbetrages angesetzt wird (sogenannte Halb-Jahres-Regel).

Am 15. Mai des letzten Geschäftsjahres haben Sie einen neuen Firmen-Pkw für 50 000 DM mit einer betriebsgewöhnlichen Nutzungsdauer von zehn Jahren gekauft. Da die Anschaffung im ersten Halbjahr erfolgte und ein Firmen-Pkw als bewegliches Wirtschaftsgut angesehen wird, ist es zulässig, wenn die Abschreibungshöhe für das Anschaffungsjahr nach der Halb-Jahres-Regel berechnet wird. Für das Anschaffungsjahr kann die volle Jahresabschreibung in Höhe von 5 000 DM angesetzt werden, da die Anschaffung im ersten Halbjahr erfolgte. (Wäre die Anschaffung erst am 15. August erfolgt, wäre nur eine halbe Jahresabschreibung von 2 500 DM in Betracht gekommen, weil

[1] Angefangene Monate können für die Abschreibungsberechnung auch auf volle Monate aufgerundet werden; für 1999 wäre vereinfachend auch eine Abschreibung von 3 333 DM zulässig gewesen (für die anteilige Zeit vom 1.5. bis zum 31.12.)

das bewegliche Wirtschaftsgut in der zweiten Jahreshälfte angeschafft worden ist.)

10.3.2 Die richtige Abschreibungsstrategie zur Erweiterung Ihrer Kapazität

Stellen Sie sich vor, Sie hätten in Ihrem Unternehmen zehn Maschinen. Alle Maschinen haben der Einfachheit halber eine Nutzungsdauer von fünf Jahren und kosten jeweils 20 000 DM. Die Abschreibung erfolgt linear.

1. Inwieweit wirken sich die Abschreibungen der Maschinen auf Ihre Liquidität aus, und zu welchen Zwecken können die freigesetzten Mittel verwendet werden?
2. Wie kann es zu einem Kapitalfreisetzungseffekt kommen?
3. Kann eine Kapazitätserweiterung allein durch Abschreibungen stattfinden, und wo liegt die Grenze?
4. Welche Kriterien sind bei einer Kapazitätserweiterung durch Abschreibungen noch zu beachten?

Zu 1. Abschreibungen haben nur dann Auswirkungen auf die Liquidität, wenn Produkte zu einem Preis verkauft werden, in denen anteilige Abschreibungsbeträge einkalkuliert wurden. Reine (innerbetriebliche) Bestandserhöhungen an unfertigen oder fertigen Erzeugnissen führen zu keiner Verbesserung der Liquidität.

Zu 2. Zu einer Kapitalfreisetzung kommt es insofern, als daß die über den Verkaufspreis kalkulierten Abschreibungen zu einem wesentlich früheren Zeitpunkt in das Unternehmen zurückfließen, als diese für die Neuinvestition benötigt werden. Bereits zurückgeflossene, noch nicht benötigte Geldbeträge können bis zur Neuanschaffung zinsbringend angelegt werden.

Zu 3. Es ist möglich, allein durch die richtige Abschreibungspolitik einen gewissen Kapazitätserweiterungseffekt herbeizuführen. Speziell für kaum gegründete und/oder expandierende Unternehmen ist es sinnvoll, die durch Abschreibungen freigesetzten Mittel zu reinvestieren, um damit den Maschinenpark zu vergrößern. Geht man davon aus, daß sämtliche Abschreibungsbeträge aller zehn Maschinen sofort wieder für den Kauf neuer Maschinen verwendet würden, könnte folgender Abschreibungsplan erstellt werden:

Beispielhafte Darstellung des Kapazitätserweiterungseffekts				
Jahr	Anzahl der Maschinen (Kapazität)	Summe der Jahres-abschreibung	Re-investition	auf das Folgejahr vorzutragende Abschreibung
01	10	40 000	40 000	0
02	12	48 000	40 000	8 000
03	14	56 000	60 000	4 000
04	17	68 000	60 000	12 000
05	20	80 000	80 000	12 000
06	14 (20-10+4)	56 000	60 000	8 000
07	15 (14-2+3)	60 000	60 000	8 000
08	16 (15-2+3)	64 000	60 000	12 000
09	16 (16-3+3)	64 000	60 000	16 000
10	16 (16-3+3)	64 000	80 000	0
11	16 (16-4+4)	64 000	60 000	4 000
12	16 (16-3+3)	64 000	60 000	8 000
13	16 (16-3+3)	64 000	60 000	12 000
14	16 (16-3+3)	64 000	60 000	16 000
15	16 (16-3+3)	64 000	80 000	0
16	16 (16-4+4)	64 000	60 000	4 000
usw.				

Im Jahr 01 wurden 10 x 4 000 DM (20 000 DM Anschaffungskosten/fünf Jahre Nutzungsdauer) aus Abschreibungen erwirtschaftet. Mit diesen 40 000 DM wurden Anfang des zweiten Jahres insgesamt zwei neue Maschinen desselben Typs und mit derselben Nutzungsdauer angeschafft. Im dritten Jahr können wiederum zwei neue Maschinen aus Abschreibungen finanziert werden. Durch weitere Zukäufe, jeweils finanziert durch entsprechend hohe Abschreibungsbeträge, ist der Maschinenpark bis zum Ende des fünften Jahres auf insgesamt 20 Stück angestiegen. Im sechsten Jahr sinkt der Stückzahlbestand auf 14, weil die zehn Maschinen aus dem Jahr 01 nun voll abgeschrieben sind und aus dem Produktionsprozeß ausscheiden und gleichzeitig aufgrund des hohen Abschreibungsvolumens vier neue Maschinen gekauft werden konnten. Im siebten Jahr fallen die zwei im zweiten Jahr hinzugekauften Maschinen wegen Vollabschreibung heraus und es kommen drei weitere hinzu. Wie aus der Tabelle erkennbar, stabilisiert sich der Maschinenbestand ab dem achten Jahr auf insgesamt 16 Maschinen. Das Beispiel läßt auch erkennen, daß die obere Grenze des Kapazitätserweiterungseffektes bei einer betriebsgewöhnlichen Nutzungsdauer von fünf Jahren auf das 1,6 fache des Anfangsbestandes begrenzt ist. Das Ausmaß der insgesamt möglichen Kapazitätserweiterung hängt vom Faktor „Nutzungsdauer in n Jahren" ab. Je länger die Nutzungsdauer ist, desto größer ist der Kapazitätsmultiplikator (erreicht maximal einen Wert von 2).

$$\text{Kapazitätsmultiplikator} = \frac{2}{1+\frac{1}{n}}$$

Eine betriebsgewöhnliche Nutzungsdauer von fünf Jahren bedeutet einen Kapazitätsmultiplikator von 1,66 oder das 1,6fache des Anfangsbestandes. Der Anfangsbestand ist bereits 1,9mal so groß bei einer Nutzungsdauer von 20 Jahren.

Zu 4. Das Anlagevermögen eines Unternehmens setzt sich in der Praxis aus mehreren Komponenten zusammen, die jeweils einer unterschiedlichen Altersstruktur und unterschiedlich langen Nutzungsdauern unterliegen. Deshalb ist die Ermittlung eines einheitlichen Kapazitätsmultiplikators in der betrieblichen Praxis nicht so leicht, wie es in unserem Beispiel vereinfachend dargestellt wurde. Auch kann nicht davon ausgegangen werden, daß nur nach der linearen Abschreibung verfahren wird. Verschiedene Abschreibungsmethoden wirken sich unterschiedlich aus. Die vorstehende Rechnung läßt außerdem den technischen Fortschritt sowie evtl. steigende Wiederbeschaffungspreise außer Betracht. Weiterhin wird unterstellt, daß die Ersatzgüter hinreichend teilbar sind. Je größer das Unternehmen ist, desto eher wird es in der Lage sein, die Abschreibungssumme in jedem Jahr voll zu reinvestieren. Bei mehrstufigen Produktionsprozessen ist eine Aufstockung der Maschinenkapazität nur dann sinnvoll und ratsam, wenn auch alle vor- und nachgelagerten Produktionsstufen in gleichem Umfang erweitert werden.

Über den Abschreibungseffekt ist eine Ausweitung der in den einzelnen Perioden zur Verfügung stehenden Jahreskapazitäten möglich, nicht jedoch eine dauerhafte Ausweitung der ursprünglichen Gesamtkapazität. Der Finanzierungseffekt wirkt sich bei solchen Unternehmen vorteilhaft aus, die bei niedriger Eigenkapitalbasis und möglichst geringem Fremdkapital mit einem kleinen Maschinenpark beginnen und dann in die angestrebte Vollkapazität hineinwachsen wollen. Der ersehnte Effekt kommt jedoch nur dann ganz zum Tragen, wenn neben den übrigen Voraussetzungen die Erstbeschaffung voll durch Eigenmittel finanziert wurde. Dies trifft aber auf neugegründete Unternehmen in der Regel nicht zu.

Weiterhin ist zu bedenken, daß eine Erhöhung der Fertigungskapazitäten gleichzeitig zu einer Erhöhung der Vorräte und der Forderungsbestände sowie der Mitarbeiterzahlen führt. Dadurch wird ein Teil des Liquiditätsvorteils bereits wieder entzogen. Weitere Voraussetzung für die zusätzliche Kapazität sind entsprechende Absatzmärkte und -möglichkeiten. Sie sollten in jedem Fall bedenken, daß eine Erweiterung der bestehenden Kapazität nur dann sinnvoll ist, wenn durch die Mehrproduktion kein Preisverfall am Absatzmarkt eintritt.

Hier ein ausführliches Beispiel mit Buchungsanleitung:

Ihr Maschinenpark besteht aus insgesamt zwei Maschinen; die erste Maschine haben Sie am 1. März 1996 für 15 000 DM erworben, die zweite am 15. August 1998 für 20 000 DM. Beide haben eine betriebsgewöhnliche Nutzungsdauer von zehn Jahren. Außerdem besitzen Sie noch einen Firmen-Pkw, den Sie im Juni 1997 zu einem Preis von 35 000 DM (fünf Jahre Nutzungsdauer) gekauft haben.

1. Für sämtliche Wirtschaftsgüter ist die maximal mögliche Abschreibung für das Jahr 1999 zu berechnen, wenn
   a. linear
   b. degressiv abgeschrieben wird.
2. Wie hoch ist der Buchwert Ende des Jahres 1999 bei linearer oder degressiver Abschreibungsmethode?
3. In welchem Jahr sollte bei der zweiten Maschine von der degressiven zur linearen Abschreibung gewechselt werden?
4. Bilden Sie für sämtliche das Jahr 1999 betreffenden Geschäftsvorfälle den zutreffenden Buchungssatz, verbuchen Sie alles auf Konten und schließen Sie diese zum Ende des Jahres ab. (Es wird davon ausgegangen, daß alle Vermögensgegenstände degressiv abgeschrieben werden sollen!)

Zur richtigen Beantwortung dieser Fragen ist es sinnvoll, sich einen Abschreibungsplan zu erstellen, wobei bei maximal möglicher Abschreibung pro Jahr im Zugangsjahr nicht taggenau, sondern nach der Halb-Jahres-Regel (Anschaffung 1.1. bis 30.6. volle Jahresabschreibung, Anschaffung 1.7. bis 31.12. halbe Jahresabschreibung) abgeschrieben wird:

Abschreibungsplan nach der linearen Methode			
	für Maschine 1	für Maschine 2	für Firmen-Pkw
Kauf einer Maschine 1 in 1996	15 000		
Abschreibung im Jahr 1996	[1] 1 500		
Buchwert am 31.12. 1996	13 500		
Kauf eines Firmen-Pkw 1997			35 000
Abschreibung im Jahr 1997	1 500		[1] 7 000
Buchwert am 31.12. 1997	12 000		28 000
Kauf einer Maschine 2 in 1998		20 000	
Abschreibung im Jahr 1998	1 500	[2] 1 000	7 000
Buchwert 31.12. 1998	10 500	19 000	21 000
Abschreibung im Jahr 1999	1 500	2 000	7 000
Buchwert 31.12. 1999	9 000	17 000	14 000
Abschreibung im Jahr 2000	1 500	2 000	7 000
Buchwert 31.12. 2000	7 500	15 000	7 000
Abschreibung im Jahr 2001	1 500	2 000	6 999
Buchwert 31.12. 2001	6 000	13 000	1
Abschreibung im Jahr 2002	1 500	2 000	
Buchwert 31.12. 2002	4 500	11 000	1
Abschreibung im Jahr 2003	1 500	2 000	
Buchwert 31.12. 2003	3 000	9 000	1
Abschreibung im Jahr 2004	1 500	2 000	
Buchwert 31.12. 2004	1 500	7 000	1
Abschreibung im Jahr 2005	1 499	2 000	
Buchwert 31.12. 2005	1	5 000	1
Abschreibung im Jahr 2006		2 000	
Buchwert 31.12. 2006	1	3 000	1
Abschreibung im Jahr 2007		2 000	
Buchwert 31.12. 2007	1	1 000	1
Abschreibung im Jahr 2008		999	
Buchwert 31.12. 2008	1	1	1

Der Restbuchwert von einer DM am Ende der Nutzungsdauer eines jeden Wirtschaftsgutes soll signalisieren, daß sich das Wirtschaftsgut im Unternehmen noch im Einsatz befindet, jedoch bereits vollständig abgeschrieben ist.

[1] Volle Jahresabschreibung im Zugangsjahr, weil die Anschaffung vor dem 30.6. erfolgte.
[2] Halbe Jahresabschreibung im Zugangsjahr, weil die Anschaffung nach dem 30.6. erfolgte.

Abschreibungsplan nach der degressiven Methode			
	für Maschine 1	für Maschine 2	für Firmen-Pkw
Kauf einer Maschine 1 in 1996	15 000		
Abschreibung im Jahr 1996	[1] 4 500		
Buchwert am 31.12. 1996	10 500		
Kauf eines Firmen-Pkw 1997			35 000
Abschreibung im Jahr 1997	3 150		[1] 10 500
Buchwert am 31.12. 1997	7 350		24 500
Kauf einer Maschine 2 in 1998		20 000	
Abschreibung im Jahr 1998	2 205	[2] 3 000	7 350
Buchwert 31.12. 1998	5 145	17 000	17 150
Abschreibung im Jahr 1999	1 544	5 100	5 145
Buchwert 31.12. 1999	*3 601*	*11 900*	*12 005*
Abschreibung im Jahr 2000	1 080	3 570	3 602
Buchwert 31.12. 2000	2 521	8 330	8 403
Abschreibung im Jahr 2001	756	2 499	2 521
Buchwert 31.12. 2001	1765	5 831	5 882
Abschreibung im Jahr 2002	530	1 749	1 765
Buchwert 31.12. 2002	1 235	4 082	4 117
Abschreibung im Jahr 2003	371	1 225	1 235
Buchwert 31.12. 2003	864	2 857	2 882
Abschreibung im Jahr 2004	259	857	865
Buchwert 31.12. 2004	605	2 000	2 017
Abschreibung im Jahr 2005	182	600	605
Buchwert 31.12. 2005	423	1 400	1 412
Abschreibung im Jahr 2006	127	420	424
Buchwert 31.12. 2006	296	980	988
Abschreibung im Jahr 2007	89	294	296
Buchwert 31.12. 2007	207	686	692
Abschreibung im Jahr 2008	62	206	208
Buchwert 31.12. 2008	145	480	484

Es bietet sich an, bei Maschine 2 in dem Jahr von der degressiven zur linearen Abschreibung zu wechseln, in dem nach dem Wechsel die lineare Ab-

Die Halb-Jahres-Regel gilt auch für die degressive Abschreibung.

[1] Volle Jahresabschreibung in Höhe von 30 % im Zugangsjahr, weil die Anschaffung vor dem 30.6. erfolgte.

[2] Halbe Jahresabschreibung in Höhe von „nur" 15 % im Zugangsjahr, weil die Anschaffung nach dem 30.6. erfolgte.

schreibung höher ist als die degressive im Falle eines Nichtwechsels. Der optimale Zeitpunkt zum Wechseln wäre somit im Jahre 2006 (also im achten Jahr nach der Anschaffung). Das Anschaffungsjahr 1998 zählt für die Abschreibungsberechnung nur zur Hälfte, weil die Halb-Jahres-Regel zur Anwendung kam. Somit ergeben sich ab dem 1.1. 2006 noch genau 2,5 Restnutzungsjahre.

Übergangszeitpunkt von der degressiven zur linearen Abschreibung ab dem 1.1. 2006		
	degressive Abschreibung	Übergang zur linearen Abschreibung
...	...	...
Buchwert 31.12. 2005	1 400	
Abschreibung im Jahr 2006	420	→ [1] 560
Buchwert 31.12. 2006	980	840
Abschreibung im Jahr 2007	294	560
Buchwert 31.12. 2007	686	280
Abschreibung im Jahr 2008	206	279
Buchwert 31.12. 2008	480	1

10.3.3 Bildung der Buchungssätze für das Geschäftsjahr 1999 und Abschluß der Konten

Abschreibungsplan nach der degressiven Methode			
	für Maschine 1	für Maschine 2	für Firmen-Pkw
Buchwert 31.12. 1998	5 145	17 000	17 150
Abschreibung im Jahr 1999	1 544	5 100	5 145
Buchwert 31.12. 1999	3 601	11 900	12 005

[1] 1 400 DM Restbuchwert dividiert durch 2,5 Restnutzungsjahre ergibt eine gleichbleibende jährliche Abschreibung von 560 DM.

Bildung der Buchungssätze für die Abschreibung:

Maschine 1	Soll	Haben
Abschreibungen auf Sachanlagen	1 544 DM	
an maschinelle Anlagen (Maschine 1)		1 544 DM

Maschine 2	Soll	Haben
Abschreibungen auf Sachanlagen	5 100 DM	
an maschinelle Anlagen (Maschine 2)		5 100 DM

Firmen-PKW	Soll	Haben
Abschreibungen auf Sachanlagen	5 145 DM	
an Fuhrpark		5 145 DM

Verbuchung auf den entsprechenden Konten:

Die Anfangsbestände der jeweiligen Bestandskonten zum 1.1. 1999 müssen mit dem Buchwert übereinstimmen, der sich aus der Abschreibungstabelle für den 31.12. 1998 ergibt.

Soll	Maschine 1		Haben
AB	5 145	1)	1 544

Soll	Maschine 2		Haben
AB	17 000	2)	5 100

Soll	Firmen-PKW		Haben
AB	17150	3)	5 145

Soll	Abschreibungen		Haben
1)	1 544		
2)	5 100		
3)	5 145		

Abschluß der einzelnen Konten:

Bei den Bestandskonten Maschine 1, Maschine 2 und Firmen-Pkw müssen in einem ersten Schritt die Endsalden errechnet und anschließend in die Schlußbilanz übertragen werden. Das Konto „Abschreibungen" ist ein Erfolgskonto, also ein Unterkonto des Eigenkapitals, und wird gewinnmindernd über die Gewinn- und Verlustrechnung abgeschlossen.

Soll	Maschine 1		Haben
AB	5 145	1)	1 544
—		EB	3 601
	5 145		5 145

Soll	Maschine 2		Haben
AB	17 000	2)	5 100
—		EB	11 900
	17 000		17 000

Soll	Firmen-PKW		Haben
AB	17 150	3)	5 145
—		EB	12 005
	17 150		17 150

Soll	Schlußbilanzkonto	Haben
A. Anlagevermögen		
...		
2. Sachanlagen		
- Maschinen	15 501	
- Fuhrpark	12 005	
...		
Summe		Summe

Der Endbestand von Maschine 1 und Maschine 2 wird in der Schlußbilanz zu einer Summe zusammengefaßt. Durch die Zusammenführung der verschiedenen Bestandskonten zu einer Schlußbilanz läßt sich genau nachvollziehen, daß sich der Bilanzposten Maschinen mit einem Gesamtbetrag von 15 501 DM aus insgesamt zwei Positionen Maschine 1 mit 3 601 DM und Maschine 2 mit 11 900 DM zusammensetzt.

So wie die Bestandskonten über das Schlußbilanzkonto abgeschlossen werden, muß das Erfolgskonto „Abschreibungen" über das Konto „Gewinn- und Verlustrechnung" abgeschlossen werden. Dazu muß auf dem Konto „Abschreibungen" zuerst der Saldo gebildet werden, der im Anschluß daran durch die folgende Buchung in das Gewinn- und Verlustkonto übernommen wird:

	Soll	Haben
Gewinn- und Verlustkonto	11 789 DM	
an Abschreibung		11 789 DM

Soll	Abschreibungen		Haben
1)	1 544	G+V	11 789
2)	5 100		
3)	5 145		
	11 789		11 789

Soll	Gew.- u. Verl.konto		Haben
...		Umsatzerlöse	...
...			
Abschreibung	11 789		
...			

10.4 Bestandsveränderung – was ist das?

Bei unseren bisherigen Überlegungen sind wir immer davon ausgegangen, daß die gesamte Jahresproduktion auch auf dem Absatzmarkt plaziert und verkauft werden konnte. Es traten insofern keine Lagerbestände in Erscheinung. In der Praxis ist das aber leider der Ausnahmefall. Realistischer ist es, wenn angenommen wird, daß die gesamte Jahresproduktion von der Absatzleistung abweicht.

Ihr Unternehmen produziert Gartenstühle. Im Geschäftsjahr 1999 konnten Sie insgesamt 50 000 davon produzieren, aber nur 45 000 DM verkaufen. Am Jahresende befinden sich demzufolge noch 5 000 Gartenstühle in Ihrem Lager, mit der Folge, daß sich Ihr Lagerbestand gegenüber dem Vorjahr um 5 000 Stück erhöht hat. In diesem Zusammenhang spricht man auch von „Bestandsveränderungen" (d.h. Ihr Bestand an Gartenstühlen hat sich gegenüber dem Vorjahr verändert).

Grundsätzlich treten Bestandsveränderungen immer dann auf, wenn:

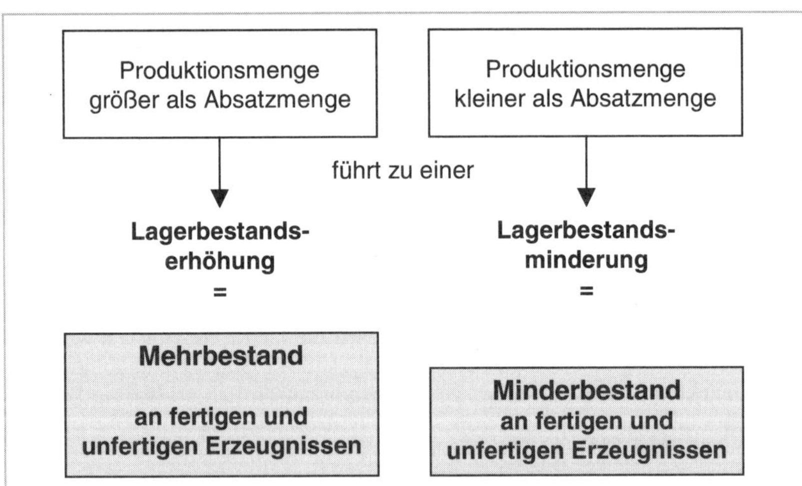

Stellen Sie sich vor, Sie hätten in einem Wirtschaftsjahr von einem Produkt 20 000 Stück zu einem Stückpreis von 2 DM hergestellt, davon aber nur 15 000 Stück zu einem Stückpreis von 3 DM verkauft. Aus der Kostenrechnung wissen Sie, daß sich der Gewinn als Unterschiedsbetrag von Verkaufserlösen (Umsatzleistung) und Kosten ergibt. Demzufolge haben Sie, auf unser Beispiel bezogen, einen Gewinn von „nur" 5 000 DM erwirtschaftet.

	15 000 Stück á 3 DM	=	45 000 DM	Verkaufserlöse
–	20 000 Stück á 2 DM	=	40 000 DM	Kosten
=			5 000 DM	Gewinn ??

Haben Sie wirklich „nur" einen Gewinn von 5 000 DM erzielt? Wo bleiben in dieser Rechnung denn die nicht verkauften 5 000 Stück á 2 DM? Diese sind beispielsweise nach der obigen Gewinnrechnung unberücksichtigt geblieben. Am Ende des Geschäftsjahres ergibt sich ein Mehrbestand von 5 000 Stück, da der Vorratsbestand am Ende des Jahres um 5 000 Stück größer ist als der Anfangsbestand zu Beginn des Jahres. In diesem Jahr wurden demnach mehr Produkte hergestellt, als verkauft, oder anders ausgedrückt: Die Herstellungsmenge ist größer als die Absatzmenge.

Natürlich muß bei der Gewinnermittlung dieser (Lager-)Mehrbestand von 5 000 Stück ebenfalls entsprechende Berücksichtigung finden. In der Gewinn- und Verlustrechnung werden im Soll insgesamt Kosten für die produzierten 20 000 Stück ausgewiesen, dem stehen aber nur entsprechende Erlöse von 15 000 Stück gegenüber. Somit werden Äpfel mit Birnen verglichen.

Soll	**Gewinn- und**	**Verlustrechnung**	**Haben**
Kosten für die Produktion von 20 000 Stück	40 000	Erlös aus dem Verkauf von 15 000 Stück	45 000
Gewinn	5 000		
Summe	45 000	Summe	45 000

Wo aber bleiben die restlichen 5 000 Stück? Dazu folgender Zwischengedanke: Wenn Sie exakt 15 000 Stück hergestellt und auch verkauft hätten, würde Ihr Gewinn 15 000 DM betragen. Warum? Bei Stückkosten von 2 DM und einem Verkaufspreis von 3 DM je Stück entfällt 1 DM Gewinn auf ein verkauftes Stück, was 15 000 DM bei 15 000 verkauften Stück gleichkommt.

Einleuchtend ist, daß Sie bei 20 000 produzierten und 15 000 verkauften Stück ebenfalls einen Gewinn von 15 000 DM erzielen müßten. Das ist auch korrekt. Ein Gewinn von 15 000 DM stellt sich auch in unserer obigen Gewinn- und Verlustrechnung ein, wenn noch ein kleiner buchhalterischer Zusatz vorgenommen wird; die 5 000 auf Lager produzierten Stück werden mit ihren Herstellkosten von 2 DM pro Stück bewertet und ebenfalls in die Gewinn- und Verlustrechnung einbezogen.

Soll	Gewinn- und Verlustrechnung		Haben
Kosten für die Produktion von 20 000 Stück	40 000	Erlös aus dem Verkauf von 15 000 Stück	45 000
		Herstellkosten für die nicht verkauften 5 000	
Gewinn	15 000	Stück	10 000
Summe	55 000	Summe	55 000

Mit der Berücksichtigung des Mehrbestandes in der Gewinn- und Verlustrechnung ergibt sich unter Zugrundelegung einer teilweisen Produktion auf Lager derselbe Gewinn, als wenn genau 15 000 Stück produziert und auch verkauft worden wären. In Ermangelung eines reellen Verkaufspreises sind für die auf Lager produzierten 5 000 Stück einfach die Herstellkosten als „Ersatzverkaufspreis" zugrundegelegt worden. Stellt man den Kosten von 40 000 DM auf der Sollseite die bewerteten Quasiverkäufe (für die Lagerproduktion) in Höhe von 10 000 DM auf der Habenseite der Gewinn- und Verlustrechnung gegenüber, so ergibt sich ein Saldo von exakt 30 000 DM, was gleichbedeutend ist mit einer Produktionsleistung von 15 000 Stück á 2 DM.

Jetzt werden Sie sicher fragen, auf welchem Konto die 10 000 DM gegengebucht werden? Bekanntlich gehört zu jeder Soll- auch eine Habenbuchung. Die Habenbuchung kennen wir bereits. Auf welchem Konto wird aber die Sollbuchung vorgenommen? Diese wird entweder auf dem Bestandskonto „Fertige Erzeugnisse" oder „Unfertige Erzeugnisse" erfolgen. In unserem Fall kommt ausschließlich das Konto „Fertige Erzeugnisse" in Betracht, da es sich um bereits verkaufsfertige Produkte handelt. Haben Sie am Ende des Jahres Produkte auf Lager, die sich noch im Produktionsstadium befinden, so muß die Sollbuchung auf dem Konto „Unfertige Erzeugnisse" vorgenommen werden. In beiden Fällen, ob Fertigerzeugnisse oder unfertige Erzeugnisse, muß die Habenbuchung auf der Habenseite in der Gewinn- und Verlustrechnung auftauchen.

Soll	Gewinn- und Verlustrechnung		Haben
Kosten für die Produktion von 20 000 Stück	40 000	Erlös aus dem Verkauf von 15 000 Stück	45 000
		Herstellkosten für die nicht verkauften 5 000	
Gewinn	15 000	Stück	10 000
Summe	55 000	Summe	55 000

Soll	Fertigerzeugnisse		Haben
Anfangsbestand	0	Schlußbestand	10 000
Mehrbestand	10 000		
Summe	10 000	Summe	10 000

So muß immer gebucht werden, wenn in einem Wirtschaftsjahr die Produktionsleistung größer als die Absatzleistung ist. Was geschieht aber, wenn in einem Jahr mehr verkauft als produziert wird? Steht z.B. im Folgejahr einer Produktion von 18 000 Stück zu je 2,50 DM eine Verkaufsleistung von 20 000 Stück zu je 3 DM gegenüber, bedeutet das, daß zusätzlich zur Produktion nochmals 2 000 Stück aus dem Lagerbestand des Vorjahres verkauft worden sind. Die buchhalterische Behandlung dieses Bestandsabgangs geschieht entsprechend.

Soll	Gewinn- und Verlustrechnung		Haben
Kosten für die Produktion von 18 000 Stück	45 000	Erlös aus dem Verkauf von 20 000 Stück	60 000
Herstellkosten für die auf Lager genommenen 2 000 Stück á 2,00 DM	4 000		
Gewinn	11 000		
Summe	60 000	Summe	60 000

Soll	Fertigerzeugnisse		Haben
Anfangsbestand	10 000	Minderbestand	4 000
		Schlußbestand	6 000
Summe	10 000	Summe	10 000

Mit dieser Buchung erreicht man, daß den verkauften 20 000 Stück auch Herstellkosten für 20 000 Stück gegenüberstehen, 18 000 Stück mit den Kosten des aktuellen Jahres von je 2,50 DM pro Stück und 2 000 Stück mit den Kosten aus dem Vorjahr von je 2 DM je Stück. Jetzt wissen Sie auch, warum Mehr- und Minderbestände in der Gewinn- und Verlustrechnung berücksichtigt werden müssen, denn die Kosten des laufenden Geschäftsjahres beziehen sich immer nur auf die hergestellte Menge, die Umsatzerlöse jedoch auf die abgesetzte, und diese müssen nicht immer identisch sein.

TIP!

Wenn Sie mehrere unterschiedliche Produkte herstellen, lohnt es sich, alle Mehr- oder Minderbestände sämtlicher Produkte zuerst auf einem Sammelkonto „Bestandsveränderungen” zu erfassen und dieses anschließend in einem zweiten Schritt über die Gewinn- und Verlustrechnung abzuschließen.

BEISPIEL

Durch körperliche Bestandsaufnahme wurden zum 31.12.1999 folgende Bestände ermittelt:		
	Bestand zum 31.12.1999 (Stück)	Herstellkosten pro Stück (DM)
unfertiges Erzeugnis I	2 380	2,50
unfertiges Erzeugnis II	800	1,95
fertiges Erzeugnis I	2 550	4,80

Das Konto „Unfertige Erzeugnisse” weist in Ihrer Eröffnungsbilanz einen Anfangsbestand von 10 000 DM auf, das Konto „Fertigerzeugnisse” einen von 2 000 DM.

An unfertigen Erzeugnissen befinden sich Ende 1999 laut Inventur wertmäßig für insgesamt 7 510 DM[1] Waren in Ihrem Lager. Gegenüber dem Anfangsbestand von 10 000 DM ergibt sich somit eine Bestandsminderung in Höhe von 2 490 DM. Im gleichen Zeitraum stieg der Bestand an Fertigerzeugnissen von anfänglich 2 000 DM auf insgesamt 12 240 DM (2 550 x 4,80 DM) an. Bei den Fertigerzeugnissen liegt demnach eine Bestandsmehrung in Höhe von 10 240 DM vor.

Sie haben jetzt zwei Möglichkeiten. Die eine: Sie buchen den Mehrbestand von 10 240 DM und den Minderbestand in Höhe von 7 510 DM separat voneinander sofort über die Gewinn- und Verlustrechnung. Die zweite Möglichkeit, nämlich mit dem Zwischeneinschub eines Kontos „Bestandsveränderungen”, ist allerdings die elegantere und auch praxisgerechtere Lösung. Diese wird Ihnen an einem Beispiel vorgeführt:

BEISPIEL

Zum genannten Zweck richten Sie sich als erstes für jedes der beiden Erzeugnisbestandskonten ein separates Konto ein und tragen den Anfangsbestand entsprechend der Aufgabenstellung ein. Danach werden die jeweiligen Endbestände eingetragen, die sich aufgrund der bewerteten Inventur Ende des Jahres 1999 ergeben haben. In einem dritten Schritt errechnen Sie dann die jeweiligen

[1] (2 380 x 2,50 DM + 800 x 1,95 DM)

Unterschiedsbeträge und tragen sie so ein, daß sich jeweils beide Konten in Soll und Haben ausgleichen.

Soll	Fertigerzeugnisse		Haben
Anfangsbestand lt. Vorjahresinventur	2 000	Schlußbestand laut diesjähriger Inventur	12 240
Bestandsveränderung (Mehrbestand)	10 240		
Summe	12 240	Summe	12 240

Soll	unfertige Erzeugnisse		Haben
Anfangsbestand laut Vorjahresinventur	10 000	Bestandsveränderung (Minderbestand)	2 490
		Schlußbestand laut diesjähriger Inventur	7 510
Summe	10 000	Summe	10 000

An der kontenmäßigen Darstellung läßt sich sehr gut erkennen, daß eine Bestandsmehrung jeweils im Soll und eine Bestandsminderung im Haben des jeweiligen Bestandskontos ausgewiesen werden muß. Das Gegenkonto zur Bestandsveränderung (ob es sich nun um eine Bestandsmehrung oder –minderung handelt) ist das Konto „Bestandsveränderungen".

Soll	Bestandsveränderung		Haben
1) Minderbestand an unfertigen Erzeugnissen	2 490	2) Mehrbestand an Fertigerzeugnissen	10 240
3) Saldo	7 750		
Summe	10 240	Summe	10 240

Die auf dem Konto „Bestandsveränderungen" vorgenommenen Buchungen ergeben sich aus folgenden Buchungssätzen:

	Soll	Haben
1. Bestandsveränderungen	2 490 DM	
an unfertige Erzeugnisse		2 490 DM
2. Fertigerzeugnisse	10 240 DM	
an Bestandsveränderungen		10 240 DM

Liegt eine Bestandsminderung vor, wird immer gebucht: Bestandsveränderung an ...; bei einer Bestandsmehrung muß gebucht werden: ... an Bestandsveränderung. Die Folge daraus ist, daß Minderbestände auf dem Konto „Bestandsveränderungen" immer im Soll ausgewiesen und Mehrbestände auf der Habenseite plaziert werden.

Wie aber werden die Konten korrekt abgeschlossen, und wo erscheint der Saldo nach erfolgtem Abschluß?

Die beiden Konten „unfertige Erzeugnisse" und „Fertigerzeugnisse" sind Bestandskonten und werden über die Schlußbilanz abgeschlossen. Das Konto „Bestandsveränderungen" zählt zu den Erfolgskonten und findet seinen Abschluß in der Gewinn- und Verlustrechnung. Insofern fehlt bei diesem Konto auch der Anfangsbestand, denn diesen haben nur Bestandskonten, die über die Schlußbilanz abgeschlossen werden.

Das Konto „Fertigerzeugnisse" weist am Jahresende einen Schlußbestand von 12 240 DM aus, der auch in die Schlußbilanz übernommen werden muß. Der entsprechende Buchungssatz dazu lautet:

	Soll	Haben
Schlußbilanzkonto	12 240 DM	
an Fertigerzeugnisse		12 240 DM

Das Konto „unfertige Erzeugnisse" hat einen Schlußbestand von 7 510 DM, der durch folgende Buchung in die Schlußbilanz zu übernehmen ist:

	Soll	Haben
Schlußbilanzkonto	7 510 DM	
an unfertige Erzeugnisse		7 510 DM

Beide Konten werden in der Schlußbilanz im Umlaufvermögen unter der Bilanzposition „Vorräte" ausgewiesen.

Soll	Fertigerzeugnisse		Haben
Anfangsbest.	2 000	Endbest.	12 240
Mehr-Best.	10 240		
	12 240		12 240

Soll	unfert. Erzeugnisse		Haben
Anfangsbest.	10 000	Mindestbest.	2 490
		Endbest.	
	10 000		10 000

Soll		Schlußbilanzkonto	Haben
A. Anlagevermögen:			
...			
...			
B. Umlaufvermögen:			
1. Vorräte			
- Fertigerzeugnisse	12 240		
- unfertige Erzeugnisse	7 510		
Summe		Summe	

Im Gegensatz dazu wird das Konto „Bestandsveränderungen" durch folgende Buchung über die Gewinn- und Verlustrechnung abgeschlossen:

bei einem insgesamten Mehrbestand	Soll	Haben
Bestandsveränderungen	7 750 DM	
an Gewinn- und Verlustrechnung		7 750 DM

bei einem insgesamten Minderbestand	Soll	Haben
Gewinn- und Verlustrechnung	... DM	
an Bestandsveränderungen		... DM

Soll	Bestandsveränderung		Haben
Minderbestand an unfertige Erzeugnisse	2 490	Mehrbestand an Fertigerzeugnissen	10 240
Saldo	7 750		
Summe	10 240	Summe	10 240

Soll	Gewinn- und Verlustrechnung		Haben
Verschiedene Kosten		Umsatzerlöse	...
...		Bestands-veränderungen	7 750
...			
Summe		Summe	

Sind Ihre Bestände an fertigen Erzeugnissen größer geworden, bedeutet das, daß Sie während des Geschäftsjahres nicht alles verkaufen konnten, was zuvor produziert wurde. Sie mußten folglich auf Lager produzieren. Neben der Umsatzleistung (verkaufte Menge x Verkaufspreis pro Stück) tritt dann die Lagerleistung (auf Lager produzierte Menge x Herstellkosten pro Stück). Treten zwischen der produzierten und abgesetzten Menge Abweichungen auf, ist es für eine korrekte Ermittlung Ihres Betriebsergebnisses unbedingt erforderlich, daß die Bestandsveränderungen in Ihrer Gewinn- und Verlustrechnung Berücksichtigung finden.

10.5 Vorgänge im Zahlungsbereich

Das Geld ist das Blut eines Unternehmens. Ohne Geld kann kein Betrieb lange bestehen. Sie als Unternehmer brauchen zum einen Geld für die Bezahlung Ihrer Rechnungen und erhalten zum anderen welches von Ihren Kunden, die damit Ihre Forderungen bei Ihnen ausgleichen. Mit Geld haben Sie quasi täglich zu tun. In der Regel ist es aber nicht so, daß der Kunde bei Ihnen vorbeikommt und seine Rechnung bar bezahlt, genausowenig wie Sie Ihre Verbindlichkeiten bar bei Ihrem Lieferanten begleichen. Außer einer Barzahlung kommen in der täglichen Betriebspraxis zahlreiche Varianten vor, wie eine offene Rechnung ausgeglichen werden kann. Die Hauptsäulen des gesamten Zahlungsbereiches sind:

- Anzahlungen
- Wechsel
- Schecks

10.5.1 Anzahlungen:

Besonders in schwachen Konjunkturzeiten, wenn Sie in Zahlungsschwierigkeiten geraten sollten oder bei größeren Bestellungen kann es Ihnen passieren, daß Sie vor der eigentlichen Lieferung mit einer Anzahlung in Vorleistung treten müssen. Das ist immer dann der Fall, wenn Sie etwas bei Ihrem Lieferanten bestellen und dieser nur liefert, wenn er zuvor bereits eine Teilzahlung von Ihnen erhalten hat.

Sie bestellen bei Ihrem Lieferanten eine neue Maschine für Ihre Produktion. Diese soll insgesamt 100 000 DM zuzüglich 16 % Mehrwertsteuer kosten. Damit der Lieferant kein Risiko eingeht, verlangt er bei Vertragsunterzeichnung eine Anzahlung von 50 000 DM zuzüglich 16 % Mehrwertsteuer. Der Kaufvertrag wird am 1.4. unterzeichnet, als Liefertermin ist der 1.10. desselben Jahres vereinbart worden.

Am 1.4. buchen Sie:

1)	Soll	Haben
geleistete Anzahlungen auf Maschinen	50 000 DM	
Vorsteuer	8 000 DM	
an Bank		58 000 DM

Die geleistete Anzahlung stellt praktisch eine Zahlung Ihrerseits dar, für die Sie noch keine Gegenleistung erhalten haben. Somit stellt eine geleistete Anzahlung so lange eine Forderung gegenüber Ihrem Lieferanten dar, bis dieser die Lieferung erbracht hat. Da der Lieferant bereits die Hälfte des Kaufpreises als Anzahlung erhalten hat, wird seine Endrechnung mit der Lieferung der Maschine am 1.10. wie folgt aussehen:

Lieferung einer Maschine	100 000 DM
abzüglich einer Anzahlung	50 000 DM
verbleibender Restbetrag	50 000 DM
zuzüglich 16 % Mehrwertsteuer	8 000 DM
noch zu zahlender Rechnungspreis	58 000 DM

Mit der Lieferung der bestellten Maschine am 1.10. buchen Sie:

2)	Soll	Haben
Maschinen	100 000 DM	
Vorsteuer	8 000 DM	
an Verbindlichkeiten		58 000 DM
an geleistete Anzahlungen		50 000 DM

Im Ergebnis gleicht sich das Konto „geleistete Anzahlungen" wieder aus, und zwar so, als wenn Sie überhaupt keine Anzahlung geleistet hätten.

Soll	Maschinen	Haben
2)	100 000	

Soll	Vorsteuer	Haben
1)	8 000	
2)	8 000	

Soll	geleist. Anzahlg.		Haben
1)	50 000	2)	50 000

Soll	Verbindlichkeiten		Haben
		2)	58 000

Soll	Bank		Haben
		1)	58 000

Es kann aber auch der umgekehrte Fall eintreten: Ein Kunde bestellt bei Ihnen Ware. Aufgrund von angeblichen Zahlungsschwierigkeiten des Kunden möchten Sie diese aber nur gegen eine Anzahlung des Kunden abgeben.

BEISPIEL

Ein Kunde bestellt bei Ihnen Ware zu einem Preis von 20 000 DM zuzüglich 16 % Mehrwertsteuer. Aufgrund eines relativ hohen Ausfallrisikos erklären Sie sich erst bei einer Kundenanzahlung von 15 000 DM zuzüglich 16 % Mehrwertsteuer dazu bereit, die bestellte Ware an ihn zu verschicken. Die Kundenanzahlung geht am 1.4. auf Ihrem Bankkonto ein, die Warenlieferung erfolgt am 1.6. desselben Jahres.

Am 1.4. buchen Sie:

1)	Soll	Haben
Bank	17 400 DM	
an erhaltene Anzahlungen auf Bestellungen		15 000 DM
an Mehrwertsteuer		2 400 DM

Eine erhaltene Anzahlung verdeutlicht, daß Sie bereits Geld für etwas erhalten haben, das Sie noch nicht ausgeliefert haben. Sie schulden Ihrem Kunden quasi noch die Gegenleistung. Aus diesem Grund wird eine erhaltene Anzahlung auch so lange als eine „Schuld" gegenüber Ihrem Kunden angesehen, bis Sie die Gegenleistung erbracht haben. Da der Kunde bereits einen Teil des Kaufpreises als Anzahlung geleistet hat, muß dies von Ihnen auch in der Endrechnung berücksichtigt werden.

Verkauf der Ware XY	20 000 DM
abzüglich erhaltener Anzahlung	15 000 DM
verbleibender Restbetrag	5 000 DM
zuzüglich 16 % Mehrwertsteuer	800 DM
noch zu zahlender Rechnungsbetrag	5 800 DM

Mit der Versendung der Ware an den Kunden buchen Sie:

2)	Soll	Haben
Forderungen	5 800 DM	
erhaltene Anzahlungen auf Bestellungen	15 000 DM	
an Verkaufserlöse		20 000 DM
an Mehrwertsteuer		800 DM

Im Ergebnis gleicht sich das Konto „erhaltene Anzahlungen auf Bestellungen“ wieder aus, und zwar so, als wenn Sie überhaupt keine Anzahlung erhalten hätten.

Soll	Verkaufserlöse		Haben
		2)	20 000

Soll	Mehrwertsteuer		Haben
		1)	2 400
		2)	800

Soll	erhalt. Anzahlg.		Haben
2)	15 000	1)	15 000

Soll	Forderungen		Haben
2)	5 800		

Soll	Bank		Haben
1)	17 400		

Geleistete Anzahlungen haben Forderungscharakter und müssen in der Bilanz auf der Aktivseite ausgewiesen werden, erhaltene Anzahlungen sind den Verbindlichkeiten zuzuordnen und auf die Passivseite der Bilanz einzustellen.

TiP!

10.5.2 Wechsel

In der Regel werden Forderungen durch Banküberweisung oder in bar bezahlt. In Ausnahmefällen können Sie aber auch durch einen Wechsel beglichen werden. In der Regel wird dabei der Lieferer auf seinen Kunden einen Wechsel ziehen, den dieser durch seine Unterschrift akzeptiert. Durch die Wechselziehung ist aus der Forderung eine Wechselforderung entstanden. Die Wechselforderung ist auf das Konto „Besitzwechsel" umzubuchen. Dem Wechselinhaber bietet die Forderungsumschichtung gleich drei Vorteile:

- Er erhält aufgrund des sehr strengen Wechselgesetzes eine Sicherheit für seine Forderung.
- Er kann den Wechsel wie Bargeld als Zahlungsmittel weitergeben.
- Er läßt den Wechsel bei seiner Hausbank diskontieren und sich den Gegenwert auf seinem Bankkonto gutschreiben.

Was für den Lieferanten ein Besitzwechsel ist, ist für denjenigen, der Geld zu bezahlen hat, ein Schuldwechsel. Er muß eine Umbuchung vom Konto Verbindlichkeiten auf das Konto Schuldwechsel vornehmen.

BEISPIEL

Ein Kunde, dem wir Waren für insgesamt 20 000 DM zzgl. 16 % Mehrwertsteuer verkauft haben, kann seine offene Rechnung nicht sofort bezahlen und bittet um Akzeptierung eines Wechsel mit 80 Tagen Restlaufzeit.

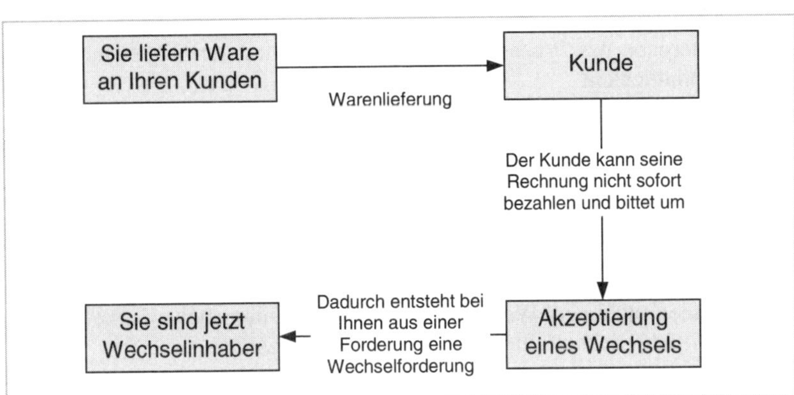

Da das auf 80 Tage erhöhte Zahlungsziel indirekt einer Kreditgewährung gleichkommt, berechnen Sie Ihrem Kunden für die Zahlungsfristverlängerung Zinsen. Die Zinsen heißen beim Wechsel allerdings Diskont, haben aber die gleiche Bedeutung und den gleichen Inhalt. Bei unterstellten 15 % Diskont für 80 Tage auf einen Betrag von insgesamt 23 200 DM ergibt sich für den Kunden durch die Zahlungsfristverlängerung nochmals eine finanzielle Belastung von insgesamt 773,34 DM (23 200 x 15/100 x 80/360).

Die buchtechnische Behandlung sieht folgendermaßen aus:

1)	Soll	Haben
Forderungen	23 200,00 DM	
an Verkaufserlöse		20 000,00 DM
an Mehrwertsteuer		3 200,00 DM

2)	Soll	Haben
Besitzwechsel	23 200,00 DM	
an Forderungen		23 200,00 DM

3)	Soll	Haben
Forderungen	773,34 DM	
an Diskonterträge		773,34 DM

Jetzt haben Sie als Wechselinhaber grundsätzlich drei Möglichkeiten, den Wechsel zu verwenden:

1. Weitergabe des Wechsels an einen Lieferanten zur Begleichung einer Verbindlichkeit
2. Wechseldiskontierung bei der Bank
3. Aufbewahrung bis zum Fälligkeitstag und Einlösung

Zu 1. Weitergabe des Wechsels an einen Lieferanten zur Begleichung einer Verbindlichkeit

Die Wechselurkunde hat in der Bundesrepublik Deutschland Bargeldcharakter. Sie haben mit einem Wechsel mittels eines Weitergabevermerkes (Indossament) die Möglichkeit, Ihrerseits Schulden zu bezahlen.

Die Buchung lautet:

1)	Soll	Haben
Verbindlichkeiten	23 200,00 DM	
an Besitzwechsel		23 200,00 DM

Ihr Lieferant kann jedoch auch erst nach 80 Tagen den Wechsel zu Bargeld umtauschen. Aus diesem Grunde wird er Ihnen auch Diskontzinsen für die Zwischenzeit berechnen. Der Lieferer wird Ihnen demnach folgendes zusätzlich in Rechnung stellen:

Diskont 15 % für 80 Tage von 23 200 DM = 773,33 DM.

In diesem Fall erhalten Sie keine Diskontzinsen, sondern müssen welche bezahlen. Infolgedessen müssen Sie buchen:

2)	Soll	Haben
Diskontaufwendungen	773,33 DM	
an Verbindlichkeiten		773,33 DM

Zu 2. Wechseldiskontierung bei der Bank

Die zweite Möglichkeit ist, den Wechsel, statt ihn an einen Lieferanten weiterzugeben, bei der Bank diskontieren zu lassen. Dies bedeutet nichts anderes, als daß Sie Ihrer Hausbank den Wechsel übergeben und dafür sofort Bargeld verlangen. Da die Bank die Restlaufzeit von 80 Tage ebenfalls überbrücken muß, wird sie Ihnen Zinsen und Spesen für die Zeit bis zur Fälligkeit des Wechsels in Rechnung stellen. Sie erhalten demnach nicht den vollständigen Wechselbetrag auf Ihrem Bankkonto gutgeschrieben, der auf der Wechselurkunde verzeichnet ist, sondern einen um Zinsen und Spesen geminderten Geldbetrag.

Die Berechnung der Bank wird folgendermaßen aussehen:

Wechselbetrag	23 200,00 DM
– Diskont 15 % für 80 Tage	773,33 DM
– Bankspesen	10,00 DM
Gutschriftsbetrag auf Ihrem Bankkonto	22 416,67 DM

Die entsprechende Buchung dazu lautet:

	Soll	Haben
Bank	22 416,67 DM	
Diskontaufwendungen	773,33 DM	
Kosten des Geldverkehrs	10,00 DM	
an Besitzwechsel		23 200,00 DM

Zu 3. Aufbewahrung bis zum Fälligkeitstag und Einlösung

Eine weitere Möglichkeit der Verwertung des Wechsels besteht darin, daß Sie ihn bis zum Verfalltag aufbewahren und am Fälligkeitstage vom Zahlungsschuldner (Bezogener) gegen Aushändigung der Wechselurkunde die Zahlung verlangen. In diesem Fall erhalten Sie die volle Wechselbetragssumme und buchen am Verfallstag des Wechsels:

	Soll	Haben
Bank	23 200,00 DM	
an Besitzwechsel		23 200,00 DM

Bisher war immer nur die Rede vom Aussteller (d.h. demjenigen, der die Zahlung verlangen kann). Wie aber bucht derjenige, der sich zur Zahlung verpflichtet hat?

BEISPIEL

Sie haben von Ihrem Lieferanten Rohstoffe für insgesamt 20 000 DM zzgl. 16 % Mehrwertsteuer gekauft. Da Sie zur Zeit nicht sofort bezahlen können, bitten Sie Ihren Lieferanten um die Ausstellung eines Wechsels, den Sie akzeptieren. Der Wechsel hat bis zum Fälligkeitstag eine Restlaufzeit von 80 Tagen.

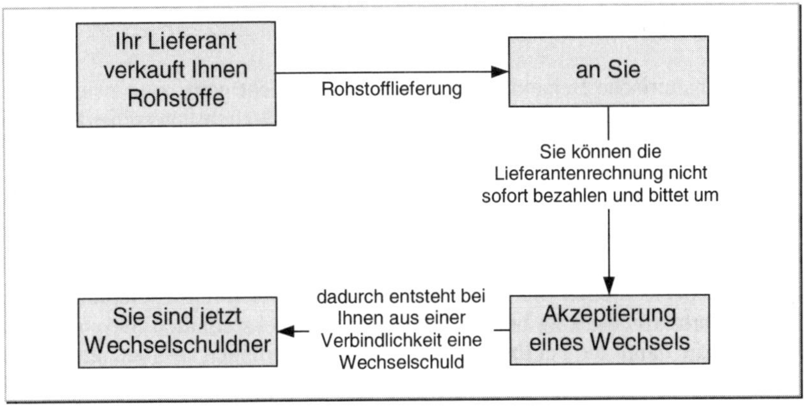

Da das auf 80 Tage erhöhte Zahlungsziel indirekt einer Kreditgewährung gleichkommt, berechnet Ihnen Ihr Lieferant für die Zahlungsfristverlängerung Diskont. Bei unterstellten 15 % Diskont für 80 Tage auf einen Betrag von insgesamt 23 200 DM ergibt sich für Sie durch die Zahlungsfristverlängerung nochmals eine finanzielle Belastung von insgesamt 773,34 DM (23 200 x 15/100 x 80/360).

Die buchtechnische Behandlung bei Ihnen als Zahlungsschuldner sieht folgendermaßen aus:

1)	**Soll**	**Haben**
Rohstoffe	20 000,00 DM	
Vorsteuer	3 200,00 DM	
an Verbindlichkeiten		23 200,00 DM

2)	**Soll**	**Haben**
Verbindlichkeiten	23 200,00 DM	
an Schuldwechsel		23 200,00 DM

3)	**Soll**	**Haben**
Diskontaufwendungen	773,34 DM	
an Verbindlichkeiten		773,34 DM

10.5.3 Schecks

Die buchhalterische Behandlung des Schecks ist nicht ganz so schwierig wie die des Wechsels. Bei Schecks müssen Sie grundsätzlich unterscheiden zwischen:

- Eigenen Schecks
- Kundenschecks

Eigene Schecks stellen Sie selbst aus, um damit bei Ihrem Lieferanten eine fällige Verbindlichkeit zu begleichen. Kundenschecks erhalten Sie von Ihren Kunden, die damit die bei Ihnen bestehenden Forderungen ausgleichen.

Eigene Schecks werden von Ihnen ausgestellt und per Post zum Lieferanten geschickt. Dieser löst sie bei seiner Hausbank ein und erhält in der Regel drei bis fünf Tage später eine entsprechende Gutschrift auf seinem Konto. Während dieser Zeit erfolgte bereits eine Belastung in gleicher Höhe auf Ihrem Konto.

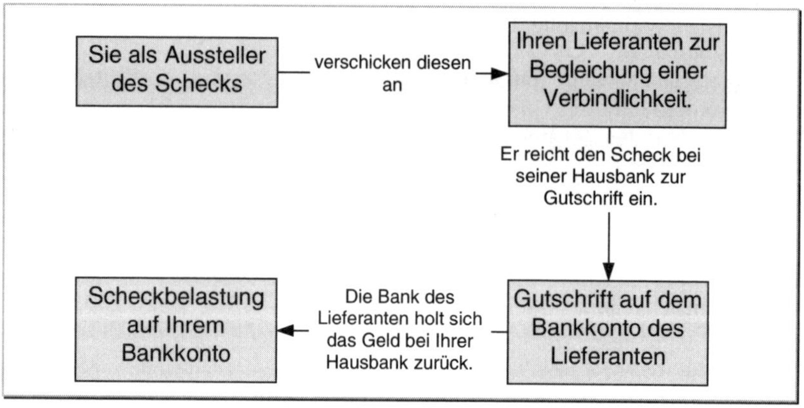

Die Scheckbelastung auf Ihrem Konto wird auf dem Bankauszug dokumentiert. Erst zu diesem Zeitpunkt müssen Sie die Bezahlung einer Lieferantenverbindlichkeit buchhalterisch erfassen. Solange die Schecksumme auf Ihrem Konto nicht belastet wurde, ist die Verbindlichkeit rechtlich auch noch nicht erloschen.

Sie als Unternehmer stellen am 1.3. auf den Lieferanten L einen Scheck zur Begleichung einer Verbindlichkeit in Höhe von 10 000 DM aus. Am 2.3. verschicken Sie den Scheck per Post an Ihren Lieferanten, den dieser am 3.3. in Empfang nimmt. L reicht den Scheck am 7.3. bei seiner Hausbank zur Gutschrift auf seinem Konto ein. Die Lastschrift auf Ihrem Bankkonto erfolgt erst am 10.3. Insofern müssen Sie auch erst am 10.3. folgende Buchung vornehmen:

3)	Soll	Haben
Verbindlichkeiten	10 000 DM	
an Bank		10 000 DM

TIP!

Eigene Schecks nennt man auch Ausgangsschecks. Ausgangsschecks werden in der Buchhaltung erst zu dem Zeitpunkt erfaßt, an dem eine entsprechende Belastung auf Ihrem Bankkonto stattfindet. Erst dann kann die Verbindlichkeit rechtlich gesehen als bezahlt angesehen werden.

Bei Kundenschecks ist die Situation genau spiegelbildlich. In diesem Fall erhalten Sie einen Scheck von einem Kunden, der damit eine offene Rechnung bezahlen möchte. Bezüglich der buchhalterischen Erfassung haben Sie mehrere Möglichkeiten:

- Sie führen ein Scheckeingangsbuch, in dem alle eingehenden Schecks eingetragen werden. Diese müssen nach erfolgter Gutschrift auf Ihrem Bankkonto allerdings auch wieder ausgetragen werden.
- Sie buchen den gesamten Vorgang erst, wenn die Gutschrift Ihrer Hausbank vorliegt.
- Speziell in größeren Unternehmen ist es üblich, alle eingehenden Schecks zunächst auf einem separaten Konto mit dem Namen „Scheckeingänge" zu erfassen und diese anschließend bei erfolgter Gutschrift auf dem Bankkonto umzubuchen.

BEISPIEL

Sie als Unternehmer erhalten am 3.3. von Ihrem Kunden einen Verrechnungsscheck zur Begleichung einer Forderung in Höhe von 10 000 DM. Sie reichen den Kundenscheck am 7.3. bei Ihrer Hausbank zur Gutschrift auf Ihrem Konto ein. Die Gutschrift der Bank erfolgt am 13.3.

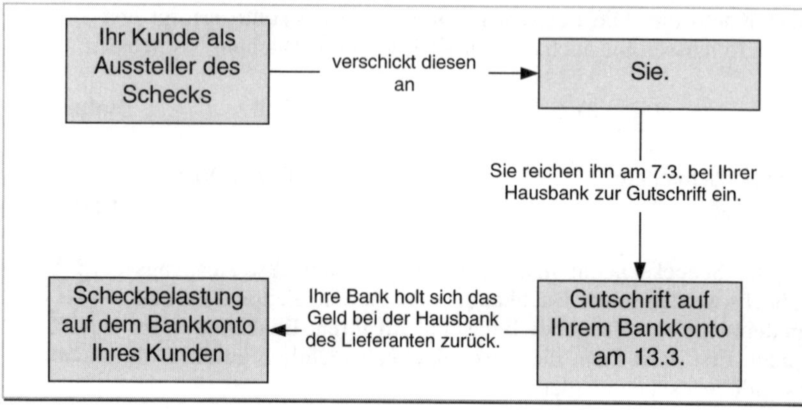

Bei der Verbuchung haben Sie nun folgende Möglichkeiten:

am 7.3.	**Soll**	**Haben**
Scheckeingänge	10 000 DM	
an Forderungen		10 000 DM

am 13.3.	**Soll**	**Haben**
Bank	10 000 DM	
an Scheckeingänge		10 000 DM

Alternativ hätten Sie auch direkt am 13.3. 10 000 DM Bank an Forderungen buchen können, da eine Erfassung auf dem Konto „Scheckeingänge“ nicht zwingend erforderlich ist. Das „Zwischenkonto“ Scheckeingänge dient nur als Überbrückungskonto während der Zeit zwischen der Scheckeinreichung und der tatsächlichen Gutschrift des Scheckbetrages auf Ihrem Bankkonto.

Kundenschecks werden auch als Eingangsschecks bezeichnet. Sie müssen erst zu dem Zeitpunkt in Ihrer Buchhaltung erfaßt werden, an dem sie auf dem Konto Ihrer Bank gutgeschrieben werden, da erst mit dieser Gutschrift die Forderung gegenüber dem Kunden mit rechtlicher Wirkung ausgeglichen ist.

10.6 Kauf und Verkauf von Anlagegütern

Beim Kauf und Verkauf von Anlagegütern tauchen immer wieder buchungstechnische Probleme auf. Aus diesem Grund werden in diesem Kapitel die gängigsten Bereiche vorgestellt:

- Das Problem der Ermittlung der richtigen Anschaffungskosten
- Wie führe ich eine Anlagenbuchhaltung richtig und korrekt?
- Buchhalterische Behandlung von Anlagenverkäufen unter und über Buchwert
- Was hat es mit den „Geringwertigen Wirtschaftsgütern" auf sich?

10.6.1 Ermittlung der Anschaffungskosten

Anschaffungskosten sind die Aufwendungen, die geleistet werden, um einen Vermögensgegenstand zu erwerben und ihn in einen betriebsbereiten Zustand zu versetzen, soweit sie dem Vermögensgegenstand einzeln zugeordnet werden können. Zu den Anschaffungskosten gehören auch die Nebenkosten sowie die nachträglichen Anschaffungskosten. Anschaffungspreisminderungen sind abzusetzen. So steht es im Gesetz, aber was heißt das nun im einzelnen?

Unter Anschaffungskosten versteht man den vom Lieferanten in Rechnung gestellten Nettokaufpreis ohne abziehbare Vorsteuer. Unter die Anschaffungsnebenkosten fallen sämtliche Beträge, die zusätzlich zum eigentlichen Kaufpreis bezahlt werden müssen. Anschaffungspreisminderungen beinhalten alle Preisnachlässe, die beim Erwerb des Anlagegutes sofort nach der Lieferung oder später gewährt werden.

Anzusetzen sind die tatsächlichen Ausgaben; Rabatte, Boni und Skonti mindern die Anschaffungskosten. Nebenkosten und nachträgliche Anschaffungskosten erhöhen sie; nicht zu den Anschaffungskosten gehören Gemein- und Finanzierungskosten.

Demnach sind Bestandteile der Anschaffungskosten:

- Anschaffungshauptkosten (Nettokaufpreis und übernommene Schulden)
- Anschaffungsnebenkosten
  - ◊ Bezugskosten (Verpackung, Transportversicherung, Fremdfrachten, Überführungskosten, Rollgelder)
  - ◊ Maklerprovision, Notarkosten, Grundbuchkosten, Grunderwerbsteuer, Gutachterkosten, Vermessungskosten, Zölle usw.
  - ◊ Kosten der ersten Inbetriebnahme (Maschinenfundamente, Installationen, TÜV, Aufstellungs- und Montagekosten usw.)

- nachträgliche Anschaffungskosten (z.B. nachträgliche Erweiterung einer EDV-Anlage oder nachträglicher Einbau eines Autoradios)
- Anschaffungspreisminderungen (Skonto, sofern in Anspruch genommen, Rabatt, Jahresboni, Nachlaß wegen Mängelrüge)

Nicht zu den Anschaffungskosten gehören:

- Anschaffungsgemeinkosten (nicht einzeln zurechenbare Kosten)
- Abzugsfähige Vorsteuer
- Finanzierungskosten (Zinsen, Diskont, Mahnkosten usw.)
- Vertragsstrafen
- Palettenpfand usw.

Die gesamte Problematik soll anhand von drei Beispielen verdeutlicht werden, die in der Praxis am häufigsten vorkommen: Kauf einer Produktionsmaschine, Kauf eines Lkws und Kauf eines Grundstückes.

BEISPIEL 1: Unternehmer Daniel Düsentrieb erhielt für seine Produktionsabteilung am 15.7.1999 eine Fertigungsmaschine (Nutzungsdauer zehn Jahre). Die Hauptrechnung lautet:

	Verkaufspreis	100 000 DM
–	20 % Rabatt	20 000 DM
	Nettopreis	80 000 DM
+	16 % Mehrwertsteuer	12 800 DM
	Rechnungsbetrag	92 800 DM

Bezahlt wurde zehn Tage nach der Lieferung mit einem Bankscheck unter Abzug von 3 % Skonto. Außerdem wurden von Daniel Düsentrieb im Zusammenhang mit dem Kauf der Fertigungsmaschine bezahlt:

Zusätzliche Kosten			
	netto	16 % MWSt	brutto
Fracht laut Spedition	1 500	240	1 740
Transportversicherung	250		250
Prämie für die Maschinenbrandversicherung für drei Jahre	1 500		1 500
Palettenpfand	100	16	116
Fundamentierung und Montage	3 200	512	3 712
Elektroinstallation für die Maschine	850	136	986
TÜV-Abnahme	150	24	174
produzierter Ausschuß während der Anlaufphase der Maschine	2 000		2 000

Daniel Düsentrieb begleicht sämtliche Rechnungen für die zusätzlichen Kosten ohne Skontoabzug. Zur Finanzierung der Maschine nahm er bei der Sparkasse Aldenhoven einen Kredit in Höhe von 100 000 DM zu 7 % Zinsen pro Jahr auf.

Fragen:
1. Wie hoch sind die Anschaffungskosten der Maschine?
2. Wie ist am Anschaffungstag zu buchen?
3. Wie ist am Tage der Zahlungen zu buchen?
4. Wie ist am Bilanzstichtag 31.12.1999 zu buchen?

Zu 1. Ermittlung der Anschaffungskosten der Produktionsmaschine:

Zu den Anschaffungskosten zählen alle Aufwendungen, die geleistet werden, um einen Vermögensgegenstand zu erwerben und ihn in einen betriebsbereiten Zustand zu versetzen, soweit sie dem Vermögensgegenstand einzeln zugeordnet werden können, zuzüglich Anschaffungsnebenkosten und abzüglich Anschaffungspreisminderungen.

Die Anschaffungspreisminderungen sind noch am einfachsten zu lokalisieren; zu ihnen zählen der gewährte Rabatt in Höhe von 20 000 DM und das bei der Zahlung in Anspruch genommene Skonto. Beide Anschaffungspreisminderungen erfahren jedoch eine unterschiedliche buchhalterische Behandlung. Während der Rabatt erst gar nicht gebucht wird, werden die Anschaffungskosten um den nachträglich in Anspruch genommenen Skontobetrag gekürzt.

Schwieriger wird es hingegen bereits bei der Bestimmung der Anschaffungsnebenkosten. Dazu muß man sich nur vorstellen, welche Kosten einzig und allein im Zusammenhang mit dem Erwerb der Maschine stehen. Alle anderen Kosten können ihr nämlich nicht einzeln zugeordnet werden und scheiden damit für eine Aktivierung aus. Nicht einzeln zugeordnete Kosten können Sie sofort als Aufwand gewinnmindernd verbuchen. Der besseren Übersichtlichkeit wegen ist es vorteilhaft, sich eine aussagekräftige Tabelle zu erstellen:

Anschaffungsnebenkosten oder sofort abzugsfähiger Aufwand		
	Anschaffungs-nebenkosten	sofort gewinnmindernder Aufwand
Fracht laut Spedition	X	
Transportversicherung	X	
Prämie für die Maschinenbrandversicherung für drei Jahre		X
Palettenpfand		
Fundamentierung und Montage	X	
Elektroinstallation für die Maschine	X	
TÜV-Abnahme	X	
produzierter Ausschuß während der Anlaufphase der Maschine		X

Erläuterungen:
Die Frachtkosten und die Transportversicherung zählen sicherlich zu den Anschaffungsnebenkosten der Produktionsmaschine, da sie nur entstanden sind, weil der Kauf stattfand. Dasselbe gilt für die Kosten der Fundamentierung, Elektroinstallation und TÜV-Abnahme. Dagegen stellen die Versicherungsprämie und der produzierte Ausschuß während der Anlaufphase sofort abzugsfähiger Aufwand dar. Beide Aufwandsarten lassen sich nicht mit 100%iger Sicherheit der gekauften Maschine unmittelbar zuordnen. Der Versicherungsschutz im Rahmen der Maschinenbrandversicherung erstreckt sich auf alle Produktionsmaschinen von Daniel Düsentrieb, und der produzierte Ausschuß kann deshalb nicht unmittelbar der Produktionsmaschine zugeordnet werden, weil ihm auch minderwertiges Material für die Verarbeitung zugrunde liegen könnte. Damit ist eine eindeutige Zuordnung dieser beiden Kostenfaktoren nicht gegeben. Das Palettenpfand kann auch nicht mit den Anschaffungskosten der Maschine aktiviert werden, weil der Betrag nur eine „Sicherheitsleistung" für die Rückgabe der Paletten darstellt. Insofern stellt das Palettenpfand weder aktivierungspflichtige Anschaffungskosten noch gewinnmindernden Aufwand dar, sondern lediglich einen aktivierungspflichtigen sonstigen Vermögensgegenstand.

Keine Anschaffungskosten sind die Finanzierungskosten und die abzugsfähige Vorsteuer. Wie Sie aus den Vorkapiteln bereits wissen, ist die Vorsteuer eine Forderung gegenüber dem Finanzamt, die Sie mit der zu zahlenden Umsatzsteuer verrechnen können. Finanzierungskosten zählen aus einem anderen Grund nicht zu den Anschaffungskosten: Die Rückzahlung der Schuld wird erfolgsneutral gebucht, die zu zahlenden Kosten für das Darlehen, nämlich die Zinsen, können erfolgswirksam, d.h. gewinnmindernd, berücksichtigt werden. Würde man das Darlehen ebenfalls bei den Anschaffungskosten der Produktionsmaschine berücksichtigen, müßte die Darlehenshöhe konsequenterweise von ihnen abgezogen werden; damit vermindert sich aber die Bemessungsgrundlage der Abschreibung, und das ist nicht gewollt.

Nachdem ausgesondert worden ist, was nicht zu den Anschaffungs(neben)kosten gehört, wird in einem weiteren Schritt ihre genaue Höhe ermittelt:

	Nettopreis der Fertigungsmaschine	80 000 DM
	Frachtkosten	1 500 DM
	Transportversicherung	250 DM
	Kosten für die Fundamentierung	3 200 DM
	Elektroinstallation	850 DM
+	TÜV	150 DM
	gesamte Anschaffungskosten	85 950 DM

Zu 2. Vorzunehmende Buchung am Anschaffungstag:

	Soll	**Haben**
Maschinen und maschinelle Anlagen	85 950 DM	
Vorsteuer	13 712 DM [1]	
an Verbindlichkeiten		99 662 DM

	Soll	**Haben**
Versicherungskosten	1 500 DM	
an Verbindlichkeiten		1 500 DM

	Soll	**Haben**
sonstige Vermögensgegenständc (Palettenpfand)	100 DM	
Vorsteuer	16 DM	
an Verbindlichkeiten		116 DM

Die Kosten für den Ausschuß in Höhe von 2 000 DM müssen im Rahmen des Anschaffungsvorgangs nicht separat gebucht werden, da sie bereits vollstän-

[1] Die Vorsteuer berechnet sich aus 16 % von 85 700 DM, weil die Transportversicherung in Höhe von 250 DM netto gezahlt wird, also ohne 16 % Vorsteuer.

dig auf den Kostenkonten des Unternehmens in Form von Materialverbrauch, Lohn- und Gehaltskosten, Kosten für Strom, Gas, Wasser usw. erfaßt sind.

Was Sie aber auf keinen Fall vergessen dürfen, ist, die Darlehensaufnahme für die Maschine buchhalterisch zu erfassen:

	Soll	**Haben**
Bank	100 000 DM	
an Verbindlichkeiten gegenüber Kreditinstituten		100 000 DM

Zu 3. Vorzunehmende Buchung am Tage der Zahlung:

Wenn von Daniel Düsentrieb die fälligen Rechnungen bezahlt werden, nehmen die Verbindlichkeiten aus Lieferungen und Leistungen ab. Das Verbindlichkeitenkonto ist ein Passivkonto. Die Abnahme auf einem Passivkonto erfolgt auf der Sollseite. Wird durch Bankscheck oder Überweisung gezahlt, muß sich der Bankbestand in der gleichen Höhe vermindern. Das Bankkonto ist ein Aktivkonto und vermindert sich entsprechend im Haben. Der zutreffende Buchungssatz muß also lauten:

	Soll	**Haben**
Verbindlichkeiten aus Lieferungen und Leistungen	100 000 DM	
an Bank		100 000 DM

Sie müssen jetzt nur noch errechnen, wieviel betragsmäßig überwiesen wird.

Aus der Beispielaufgabe geht hervor, daß Daniel Düsentrieb den Rechnungsbetrag für die Fertigungsmaschine in Höhe von 92 800 DM unter Ausnutzung von 3 % Skonto (also 2 784 DM) bezahlt. Alle anderen Rechnungen in einer Gesamthöhe von 8 478 DM werden ohne Abzug beglichen. Demzufolge vermindert sich der Bankbestand um insgesamt 98 494 DM (92 800 DM – 2 784 DM + 8 478 DM). Damit werden aber Verbindlichkeiten in einer Gesamthöhe von 101 278 DM (99 662 DM + 1 500 DM + 116 DM) ausgeglichen. Wo aber bleibt buchhalterisch die Differenz von 2 784 DM (101 278 DM – 98 494 DM)? Anders als im Kapitel 11.2 „Buchungen im Einkaufs- und Verkaufsbereich" beschrieben, wird der Skontoertrag nicht auf einem separaten Skontokonto verbucht, wenn es sich um die Begleichung einer Rechnung für ein Anlagegut handelt. Skontoertrag im Zusammenhang mit einem Anlagegut stellt eine im nachhinein in Anspruch genommene Anschaffungspreisminderung dar und vermindert insoweit die ursprünglichen Anschaffungskosten. Deshalb wird der Skontobetrag auch auf dem entsprechenden Anlagekonto „zurückgebucht".

Buchungssatz:

	Soll	Haben
Verbindlichkeiten	101 278 DM	
an Bank		98 494 DM
an Maschinen und maschinelle Anlagen		2 400 DM[1]
an Vorsteuer		384 DM[1]

Bei Zurückgabe der „leihweise" zur Verfügung gestellten Paletten und der Zurückerstattung des hinterlegten Palettenpfands wird entsprechend gebucht:

	Soll	Haben
Bank	100 DM	
an sonstige Vermögensgegenstände		100 DM

Zu 4. Vorzunehmende Buchung am 31.12.1999:

Sie denken jetzt bestimmt, was denn noch am 31.12.1999 gebucht werden solle, der gesamte Anschaffungsvorgang sei doch längst abgeschlossen! Das stimmt auch, nur muß für das Jahr 1999 noch die anteilige Abschreibung berücksichtigt werden. Im Kapitel 10.3 „Abschreibungen – ein Problem?" haben Sie bereits die Halb-Jahres-Regel kennengelernt. Danach können für in der zweiten Jahreshälfte erworbene Wirtschaftsgüter des beweglichen Anlagevermögens im Jahr der Anschaffung die Hälfte der Jahresabschreibung geltend gemacht werden. Bei einer zehnjährigen Nutzungsdauer beträgt die lineare Abschreibung demnach 10 % pro Jahr. Nach der degressiven Methode können Sie hingegen Ihren Gewinn bereits im ersten Jahr um 30 % vermindern. Der Abschreibungsbetrag berechnet sich im Anschaffungsjahr in beiden Fällen immer von den gesamten Anschaffungskosten.

	Anschaffungskosten:	
	Nettoanschaffungskosten	85 950
–	Skontoinanspruchnahme	2 400
	Anschaffungskosten und Berechnungsgrundlage für die Abschreibung	83 550

[1] Selbstverständlich darf nur der Nettobetrag, also ohne den Vorsteuerbetrag, auf dem entsprechenden Anlagenkonto zurückgebucht werden. Außerdem muß in einer weiteren Buchung die ursprünglich gebuchte Vorsteuer korrigiert werden, weil sie sich ebenfalls durch den Skontoabzug mindert.

30 % degressive Abschreibung von 83 550 DM ergibt einen Betrag von 25 065 DM. Da die Anschaffung erst im zweiten Halbjahr stattfand, beträgt die Abschreibung für 1999 nur die Hälfte, nämlich 12 533 DM.

Die noch am 31.12.1999 vorzunehmende Buchung lautet demnach:

	Soll	Haben
Abschreibungen auf Sachanlagen	12 533 DM	
an Maschinen und maschinelle Anlagen		12 533 DM

BEISPIEL 2:

Unternehmer Daniel Düsentrieb erwarb am 1.5.1999 beim Autohändler Listig einen Lieferwagen mit einer Nutzungsdauer von voraussichtlich vier Jahren. Dabei gab er seinen alten Kombiwagen (Buchwert zum 1.05.1999: 5 000 DM) für 5 000 DM zzgl. 16 % Mehrwertsteuer in Zahlung. Im Zusammenhang mit dem Kauf hat Daniel Düsentrieb folgende Aufwendungen getätigt:

I. Rechnung des Autohändlers über		
den Kaufpreis des Lieferwagens	25 000 DM	
abzgl. 10 % Rabatt	– 2 500 DM	22 500 DM
Kfz-Brief	50 DM	
Werkzeug, Warndreieck	100 DM	
Vorfracht Werk-Händlerlager	250 DM	
Tankrechnung April anteilig	300 DM	700 DM
abzüglich Inzahlungnahme Kombiwagen		5 000 DM
Nettozahlbetrag		18 200 DM
plus 16 % Mehrwertsteuer		2 912 DM
zu zahlender Betrag brutto		21 112 DM
II. Autoradio incl. 16 % Mehrwertsteuer		1 160 DM
III. Reklamebeschriftung incl. 16 % Mehrwertsteuer		580 DM
IV. sonstige Auslagen von Daniel Düsentrieb im Zusammenhang mit dem Lieferwagenkauf:		
Zulassungsgebühren für den Lieferwagen		30 DM
Abmeldegebühr Kombiwagen		15 DM
Nummernschilder für den Lieferwagen incl. 16 % MWSt		58 DM
Kfz-Steuern 1.5.1999 bis 30.04.2000		1 200 DM
Kfz-Haftpflichtversicherungsprämie	800 DM	
abzgl. Erstattung Haftpflicht Kombi anteilig	200 DM	600 DM

Fragen:

1. Wie hoch sind die Anschaffungskosten des Lieferwagens?
2. Wie ist am Anschaffungstag zu buchen?
3. Wie ist an den Bilanzstichtagen 31.12.1999 und 31.12.2000 zu buchen, wenn die lineare Abschreibung gewählt wird und für das Jahr 1999 taggenau berechnet wird?

Zu 1. Ermittlung der Anschaffungskosten:

Die Anschaffungskosten setzen sich zusammen aus:

  Anschaffungskosten
\+ Anschaffungsnebenkosten
– Anschaffungspreisminderungen

Die Anschaffungskosten des Lieferwagens betragen netto 22 500 DM. Was aber zählt bei einem Lieferwagenkauf zu den Anschaffungsnebenkosten?

Zu den Anschaffungsnebenkosten bezüglich eines Kfz-Kaufs zählen insbesondere:

- Gebühren für den Kfz-Brief
- Werkzeugkosten und Kosten für das Warndreieck
- Frachtgebühren
- Autoradio
- Reklamebeschriftung (es kommt nur auf das Vorhandensein an, jedoch nicht darauf, ob es sinnvoll ist oder nicht)
- Zulassungsgebühren
- Nummernschilder

Nicht zu den Anschaffungskosten, sondern zum laufenden (gewinnmindernden) Aufwand gehören:

- Tankrechnung
- Abmeldegebühr für das Vorfahrzeug
- Kfz-Steuer
- Kfz-Versicherung

Mit diesem Wissen ist es relativ einfach, die genaue Höhe der Anschaffungskosten zu ermitteln:

	Kaufpreis netto	22 500
	Gebühren für den Kfz-Brief	50
	Werkzeugkosten und Kosten für das Warndreieck	100
	Frachtgebühren	250
	Autoradio	1 000
	Reklamebeschriftung	500
	Zulassungsgebühren	30
+	Nummernschilder	50
	gesamte Anschaffungskosten	24 480

Zu 2. Buchung am Anschaffungstag:

	Soll	Haben
Fuhrpark (Lieferwagen)	24 480 DM	
laufende Kfz-Kosten	315 DM [1]	
Kfz-Steuer	1 200 DM	
Kfz-Versicherungsbeiträge	600 DM	
Vorsteuer	3 960 DM [2]	
an Fuhrpark (Kombiwagen)		5 000 DM
an Umsatzsteuer		800 DM
an Verbindlichkeiten		24 755 DM

Zu 3. Vorzunehmende Buchungen am Bilanzstichtag 31.12.1999:

Im Jahr 1999 gibt es am Bilanzstichtag insgesamt noch zwei Buchungen, die vorgenommen werden müssen:

a) Buchung der Abschreibung
b) Umbuchung des Teils der Kfz-Steuer, die wirtschaftlich das Jahr 2000 betrifft.

[1] Der Betrag beinhaltet die Abmeldegebühr für den Kombi (15 DM) und die anteilige Tankrechnung (300 DM).

[2] Der Vorsteuerbetrag setzt sich zusammen aus: 16 % von 24 450 DM umsatzsteuerpflichtige Anschaffungskosten, da die Zulassungsgebühren nicht mit Umsatzsteuer belastet sind, und 16 % von 300 DM für die Tankrechnung.

a) Um eine Abschreibung zu buchen, muß sie zuvor ausgerechnet worden sein. Daniel Düsentrieb möchte im Jahr 1999 die lineare Abschreibung taggenau vornehmen. Das bedeutet, daß im Jahr 1999 die Jahresabschreibung anteilig für die Zeit vom 1.5.1999 bis zum 31.12.1999 vorzunehmen ist. Bei einer Nutzungsdauer von vier Jahren und Anschaffungskosten von 24 480 DM kann jährlich eine Abschreibung in Höhe von 6 120 DM vorgenommen werden. Für 1999 ergibt sich für eine Zeitspanne von acht Monaten (1.5. bis 31.12.) demzufolge exakt eine Abschreibung in Höhe von 4 080 DM.

	Soll	Haben
Abschreibungen auf Sachanlagen	4 080 DM	
an Fuhrpark		4 080 DM

b) Von den insgesamt gezahlten 1 200 DM Kfz-Steuern fallen in das Jahr 1999 8/12 (800 DM) und in das Jahr 2000 4/12 (400 DM). Würde nun der gesamte Betrag von 1 200 DM bereits im Jahr 1999 gewinnmindernd berücksichtigt, würde der Gewinn im Jahr 1999 um genau 400 DM zu niedrig ausfallen und im Jahr 2000 um 400 DM zu hoch. Um diese Gewinnverschiebung zu vermeiden, müssen die Kosten, die wirtschaftlich gesehen das Jahr 2000 betreffen, aber bereits im Jahr 1999 bezahlt wurden, auch gewinnmäßig so behandelt werden, als ob sie erst am 1.1. des Folgejahres bezahlt worden wären. Dazu ist es notwendig, die entsprechende Buchung während des Jahres am Jahresende anteilig zu korrigieren. Dies geschieht, indem gebucht wird:

	Soll	Haben
aktive Rechnungsabgrenzung	400 DM	
an KfZ-Steuer		400 DM

Mit dieser Buchung wird der ursprünglich gebuchte Betrag von 1 200 DM wieder um 400 DM gekürzt und auf einem Bilanzkonto mit dem Namen „Aktive Rechnungsabgrenzung" zwischengeparkt, welches am 1.1.2000 wieder aufgelöst wird. Damit ist sichergestellt, daß sowohl im Jahr 1999 als auch im Jahr 2000 der Gewinn in der richtigen Höhe ausgewiesen wird.

Zu 4. Vorzunehmende Buchung am Bilanzstichtag 31.12.2000:

	Soll	Haben
Abschreibungen auf Sachanlagen	6 120 DM	
an Fuhrpark		6 120 DM

BEISPIEL 3:

Unternehmer Daniel Düsentrieb erwarb am 1.12.1999 mit notariellem Vertrag vom Autohändler Listig ein Betriebsgrundstück. Als Gegenleistung wurde ein Kaufpreis von 320 000 DM vereinbart. Nutzen und Lasten gingen mit der Unterzeichnung des Vertrages auf Daniel Düsentrieb über. Weiterhin hatte er folgende Nebenkosten zu tragen, die alle durch Banküberweisung beglichen wurden: 11 200 DM Grunderwerbsteuer (3,5 % von 320 000 DM), 800 DM Gerichtskosten, 1 044 DM für den Notar (einschl. 144 DM Mehrwertsteuer) und 11 136 DM Maklergebühr (einschl. 1 536 DM Mehrwertsteuer).

Fragen:
1. Wie hoch sind die Anschaffungskosten des Grundstücks?
2. Wie ist der gesamte Vorgang buchhalterisch zu behandeln?

Zu 1. Anschaffungskosten des Grundstücks:

Die zentrale Frage, die sich hier stellt, ist, ob Grunderwerbsteuer, Gerichtskosten, Notargebühren und Maklerkosten Anschaffungsnebenkosten des eigentlichen Grundstückserwerbs darstellen. Bei solchen Überlegungen müssen Sie sich immer vor Augen halten, daß Anschaffungsnebenkosten diejenigen Kosten sind, die zusätzlich nur dann anfallen, wenn die eigentliche Hauptanschaffung getätigt wird. Alle diese oben genannten Kosten wären nicht entstanden, wenn Daniel Düsentrieb das Grundstück nicht erworben hätte. Insofern müssen sämtliche Nebenkosten als Anschaffungsnebenkosten mitaktiviert werden. Die Anschaffungskosten belaufen sich somit auf insgesamt:

	Grundstückskaufpreis	320 000 DM
+	Grunderwerbsteuer	11 200 DM
+	Gerichtskosten	800 DM
+	Notarkosten netto	900 DM
+	Maklergebühr netto	9 600 DM
	gesamte Anschaffungskosten	342 500 DM

Zu 2. Buchhalterische Erfassung des gesamten Vorgangs:

	Soll	Haben
Grundstücke	342 500 DM	
Vorsteuer	1 680 DM	
an Verbindlichkeiten		344 180 DM

10.6.2 Führung einer Anlagenbuchhaltung

Neben der eigentlichen „Hauptbuchhaltung" müssen Anlagegüter mit einer Nutzungsdauer von mehr als einem Jahr zusätzlich in einer sogenannten Anlagenbuchhaltung als Nebenbuchhaltung erfaßt werden. Der Anlagenbuchhaltung kommt dabei die Aufgabe zu, die in den Gruppenkonten der Geschäftsbuchhaltung ausgewiesenen bewerteten Bestände in allen wirtschaftlichen und technischen Einzelheiten nachzuweisen. In der Praxis wird sie vor allem in Karteiform oder per EDV geführt. Für jedes Anlagegut müssen Sie eine separate Anlagenkarte anlegen, aus der folgende Informationen ersichtlich sind:

- Genaue Bezeichnung, Hersteller, Lieferant, Plazierungsort im eigenen Unternehmen
- Abmessungen und Gewicht der Anlage
- Die genaue Höhe der Anschaffungskosten und Berechnung der Abschreibungen
- Bestimmte Bewertungszahlen, z.B. Bilanzwert, voraussichtlicher Wiederbeschaffungswert in späteren Jahren, Feuerversicherungswert
- Den Zeitpunkt der Anschaffung, vorgenommene Zuschreibungen und Umbuchungen, Zeitpunkt des Ausscheidens aus dem Unternehmen
- Vorgenommene Instandhaltungen
- Vorgenommene kalkulatorische Abschreibungen und kalkulatorische Zinsen.

Alle Informationen in der Anlagebuchhaltung dienen als Ergänzung zur eigentlichen Hauptbuchhaltung. Die Informationen, die nicht sofort aus dem Anlagenkonto ersichtlich sind, können direkt auf dem Karteiblatt der entsprechenden Anlage in der Anlagenbuchhaltung nachgesehen werden.

Sämtliche Anlagen eines Unternehmens werden einmal jährlich in einem Anlagespiegel zusammengestellt. Dieser gibt Auskunft über:

- Die jeweilige Bilanzposition
- Den Anfangsbestand

- Die Zugänge
- Die Abgänge
- Evtl. vorgenommene Umbuchungen
- Kumulierte Abschreibungen
- Abschreibung des laufenden Jahres
- Zuschreibungen des laufenden Jahres
- Schlußbestand am Ende des Jahres

Diese Angaben werden in der Praxis häufig in einer Tabelle erfaßt, die folgendes Aussehen hat:

Anlagespiegel zum 31.12.1999 der Firma Daniel Düsentrieb								
Bilanz-position	Anfangs-bestand	Zu-gänge	Ab-gänge	Umbu-chungen	kum. AfA	AfA lfd. Jahr	Zuschrei-bungen	Schluß-bestand

10.6.3 Buchhalterische Behandlung von Anlagenverkäufen unter und über Buchwert

In der Praxis ist es eher die Ausnahme, daß ein Anlagengut genau zu seinem Buchwert verkauft wird. Häufiger liegt der Fall vor, daß sein Verkaufspreis und Buchwert differieren. In diesem Fall müssen zwei Konstellationen unterschieden werden:

- Der Verkaufspreis ist größer als der Buchwert
- Der Verkaufspreis ist kleiner als der Buchwert

Unter dem Buchwert wird wiederum der Wert verstanden, der anzusetzen wäre, wenn zum Zeitpunkt des Verkaufs eine Bilanz aufzustellen wäre, d.h. die anteilige Abschreibung für das Veräußerungsjahr muß vor dem Verkauf noch berechnet werden.

1. Der buchhalterisch einfachste Fall ist der Verkauf exakt zum Buchwert:

Daniel Düsentrieb verkauft eine nicht mehr benötigte Produktionsmaschine zum Preis von 15 000 DM zzgl. 16 % MWSt. Der Buchwert zum Zeitpunkt des Ausscheidens beträgt ebenfalls 15 000 DM. In diesem Fall sind der Nettoverkaufspreis und der Buchwert zum Zeitpunkt des Verkaufs identisch. Die Buchung lautet:

	Soll	**Haben**
Forderungen	17 400 DM	
an Erlöse aus Anlagenabgängen		15 000 DM
an Umsatzsteuer		2 400 DM

Am Jahresende müssen Sie noch folgende Buchung vornehmen:

	Soll	**Haben**
Erlöse aus Anlagenabgängen	15 000 DM	
an Maschinen und maschinelle Anlagen		15 000 DM

Soll	**Forderungen**		**Haben**
1)	17 400		

Soll	**Erlöse**		**Haben**
2)	15 000	1)	15 000

Soll	**Umsatzsteuer**		**Haben**
		1)	2 400

Soll	**Maschinen**		**Haben**
BW	15 000	2)	15 000

Durch die zusätzliche Buchung am Jahresende gleichen Sie sowohl das Konto „Erlöse aus Anlagenabgängen" als auch das Konto „Maschinen“ aus.

Alternativ hätten Sie auch sofort buchen können:

	Soll	Haben
Forderungen	17 400 DM	
an Maschinen und maschinelle Anlagen		15 000 DM
an Umsatzsteuer		2 400 DM

Das hätte allerdings den Nachteil gehabt, daß Sie aufgrund Ihrer Umsatzerlöskonten keine periodisch wiederkehrende Umsatzsteuervoranmeldung für das Finanzamt hätten machen können, denn bei einem Abgleich der Umsatzsteuer in Höhe von 2 400 DM hätten Sie kein entsprechendes Umsatzerlöskonto gefunden.

2. Etwas komplizierter wird es, wenn der Verkaufspreis über dem Buchwert liegt:

Daniel Düsentrieb verkauft eine nicht mehr benötigte Produktionsmaschine zum Preis von 20 000 DM zzgl. 16 % MWSt. Der Buchwert zum Zeitpunkt des Ausscheidens beträgt 15 000 DM. In diesem Fall sind der Nettoverkaufspreis und der Buchwert zum Zeitpunkt des Verkaufs nicht identisch. Die Differenz beträgt insgesamt 5 000 DM netto. Die erste Buchung lautet genau wie im ersten Fall:

	Soll	Haben
Forderungen	23 200 DM	
an Erlöse aus Anlagenabgängen		20 000 DM
an Umsatzsteuer		3 200 DM

Die am Jahresende noch vorzunehmende Buchung unterscheidet sich allerdings erheblich von derjenigen im ersten Fall:

	Soll	Haben
Erlöse aus Anlagenabgängen	20 000 DM	
an Maschinen und maschinelle Anlagen		15 000 DM
an sonstige betriebliche Erträge (Unterkonto: Veräußerungserlöse)		5 000 DM

Da die Produktionsmaschine zum Zeitpunkt des Ausscheidens einen Buchwert von 15 000 DM aufweist, kann auch nur dieser Betrag zum Ausgleich des Kontos „Maschinen und maschinelle Anlagen" herangezogen werden. Der übersteigende Betrag in Höhe von 5 000 DM stellt für Daniel Düsentrieb einen zusätzlichen Ertrag dar, den er über den Buchwert hinaus erzielt hat.

Soll	**Forderungen**		**Haben**
1)	23 200		

Soll	**Erlöse**		**Haben**
2)	20 000	1)	20 000

Soll	**Umsatzsteuer**		**Haben**
		1)	3 200

Soll	**Maschinen**		**Haben**
BW	15 000	2)	15 000

Soll	**sonst. betr. Erträge**		**Haben**
		2)	5 000

Auch in diesem Fall gleicht sich sowohl das Konto „Erlöse aus Anlagenabgänge" als auch das Bestandskonto „Maschinen" aus. Zum ersten Fall besteht allerdings hier der Unterschied, daß zusätzlich noch ein Ertrag in Höhe von 5 000 DM entstanden ist.

3. Der Verkaufspreis liegt unter dem Buchwert:

BEISPIEL 3

Daniel Düsentrieb verkauft eine nicht mehr benötigte Produktionsmaschine zum Preis von 13 000 DM zzgl. 16 % MWSt. Der Buchwert zum Zeitpunkt des Ausscheidens beträgt 15 000 DM. In diesem Fall sind der Nettoverkaufspreis und der Buchwert zum Zeitpunkt des Verkaufs ebenfalls nicht identisch. Die Differenz beträgt diesmal 2 000 DM netto. Die erste Buchung lautet genau wie im ersten und zweiten Fall:

	Soll	**Haben**
Forderungen	15 080 DM	
an Erlöse aus Anlagenabgängen		13 000 DM
an Umsatzsteuer		2 080 DM

Die am Jahresende noch vorzunehmende Buchung ist ähnlich wie im zweiten Fall, nur daß hier kein zusätzlicher Gewinn, sondern ein Verlust erwirtschaftet wurde:

	Soll	**Haben**
Erlöse aus Anlagenabgängen	13 000 DM	
sonstige betriebliche Aufwendungen (Unterkonto: Veräußerungsverluste)	2 000 DM	
an Maschinen und maschinelle Anlagen		15 000 DM

Auch hier erkennen Sie sicherlich sofort die Problematik. Durch den Verkauf der Produktionsmaschine muß ein Buchwert von 15 000 DM auf dem Konto „Maschinen und maschinelle Einrichtungen" ausgeglichen werden. An Erlösen wurden aber nur 13 000 DM erzielt, so daß die Differenz von 2 000 DM einen Veräußerungsverlust darstellt.

Soll	**Forderungen**	**Haben**	
1)	15 080		

Soll	**Erlöse**	**Haben**	
2)	13 000	1)	13 000

Soll	Umsatzsteuer		Haben
		1)	2 080

Soll	Maschinen		Haben
BW	15 000	2)	13 000
		2)	2 000

Soll	sonst. betr. Aufwand		Haben
2)	2 000		

Wie auf den Konten ersichtlich ist, muß bei einem Verkauf unter Buchwert das Konto „Maschinen“ einmal durch die 13 000 DM vom Konto „Erlöse aus Anlagenabgängen“ ausgeglichen werden und zum zweiten durch eine zusätzliche Buchung „sonstiger betrieblicher Aufwand an Maschinen 2 000 DM“.

Der Veräußerung von Anlagegütern steht die Entnahme für private Zwecke gleich. Der einzige Unterschied liegt in der buchhalterischen Erfassung. Wird bei einem Verkauf auf das Konto „Erlöse aus Anlagenabgängen” gebucht, so wird dieses Konto im Falle eines Eigenverbrauchs durch das Konto „Steuerpflichtiger Eigenverbrauch“ ersetzt. Da keine Geldbewegung stattfindet, wird das Konto „Forderungen aus Lieferungen und Leistungen“ durch das Konto „Privatentnahme“ ersetzt. Aufgrund eines fehlenden Verkaufspreises erfolgt die Bewertung immer zu den Wiederbeschaffungswerten beim Einkauf.

Daniel Düsentrieb entnimmt für private Zwecke aus seinem Unternehmen einen Bürostuhl. Der Buchwert im Zeitpunkt der Entnahme beträgt 200 DM, der Wiederbeschaffungspreis 500 DM netto.

Buchungstechnisch wird der gesamte Vorgang wie folgt abgewickelt:

Das Konto „Erlöse Anlagenabgänge“ wird durch das Konto „Steuerpflichtiger Eigenverbrauch“, das Konto „Forderungen aus Lieferungen und Leistungen“ durch „Privatentnahmen“ ersetzt. Ansonsten bleibt alles unverändert gegenüber einem Anlagenabgang durch Verkauf über Buchwert.

	Soll	Haben
Privatentnahmen	580 DM	
an steuerpflichtiger Eigenverbrauch		500 DM
an Umsatzsteuer		80 DM

Die am Jahresende noch vorzunehmende Buchung ist genau wie im Falle eines Verkaufs über Buchwert. Der zusätzliche „Gewinn“ muß separat erfaßt werden.

	Soll	Haben
steuerpflichtiger Eigenverbrauch	500 DM	
an Betriebs- und Geschäftsausstattung		200 DM
an sonstige betriebliche Erträge (Unterkonto: Veräußerungserlöse)		300 DM

Da der Bürostuhl zum Zeitpunkt des Ausscheidens mit nur noch 200 DM zu Buche steht, kann auch nur dieser Betrag zum Ausgleich des Kontos „Betriebs- und Geschäftsausstattung“ ausgebucht werden. Der übersteigende Betrag in Höhe der Differenz (300 DM) stellt für Daniel Düsentrieb genau wie bei einem Verkauf einen zusätzlichen Ertrag dar, der über den Buchwert hinaus erzielt worden ist.

Soll — Privatentnahme — Haben

1)	580		

Soll — steuerpfl. Eigenverbr. — Haben

2)	500	1)	500

Soll — Umsatzsteuer — Haben

		1)	80

Soll — B- u. G-Ausstattung — Haben

BW	200	2)	200

Soll	sonst. betr. Erträge	Haben
	2)	300

Wie Sie sehen, erfolgt die zweite Buchung zu dem Zweck, die Konten „steuerpflichtiger Eigenverbrauch“ und „Betriebs- und Geschäftsausstattung” auszugleichen.

Bisher wurde in den Beispielen immer der Restbuchwert am Tage des Verkaufs/der Entnahme angegeben. Wie aber können Sie sich den Buchwert selber errechnen?

Daniel Düsentrieb möchte die Maschine 1, die er in der ersten Jahreshälfte 1996 für 15 000 DM erworben hat, am 26.5.2000 zu einem Preis von 10 000 DM verkaufen. (Sie erinnern sich; das ist ein Beispiel aus dem Kapitel 10.3 „Abschreibungen – ein Problem?“ Die Maschine wird linear auf eine Nutzungsdauer von zehn Jahren abgeschrieben.)

Zur Erinnerung hier nochmals den in Kapitel 10.3. entwickelten Plan zur linearen Abschreibung.

Abschreibungsplan nach der linearen Methode	
	für Maschine 1
Kauf einer Maschine 1 in 1996	15 000
Abschreibung im Jahr 1996	1 500
Buchwert am 31.12.1996	13 500
Abschreibung im Jahr 1997	1 500
Buchwert am 31.12.1997	12 000
Abschreibung im Jahr 1998	1 500
Buchwert 31.12.1998	10 500
Abschreibung im Jahr 1999	1 500
Buchwert 31.12.1999	9 000
Abschreibung im Jahr 2000	1 500
Buchwert 31.12.2000	7 500

Im Jahr des Verkaufs muß, ausgehend von einem Buchwert von 9 000 DM, noch eine zeitanteilige Abschreibung vorgenommen werden, denn Daniel Düsentrieb nutzt die Maschine vor dem Verkauf noch in der Zeit vom 1.1. bis zum 26.5.2000. Hier stellt sich das Problem, ob genau bis zum Verkaufstag (dem 26.5.) abgeschrieben werden muß oder vielleicht nur bis Monatsende

(30.4. oder gar 31.5.). Egal wie Sie sich in bezug auf die Abschreibung auch entscheiden, die Gewinnauswirkung für das Jahr 2000 bleibt immer dieselbe. Warum? Dazu folgende vergleichende Darstellung:

a) Abschreibung bis 30.04.2000:

Die Abschreibung beträgt im Jahr 2000 laut Abschreibungsplan für ein komplettes Jahr insgesamt 1 500 DM. Demnach entfallen auf vier Monate 1/3 von 1 500 DM = 500 DM. Somit beträgt der Buchwert am 30.04.2000

	Buchwert am 31.12.1999	9 000 DM
–	anteilige Abschreibung bis 30.04.2000	500 DM
	Buchwert am 30.04.2000	8 500 DM

Die Maschine wird für netto 10 000 DM an einen Erwerber veräußert. Demzufolge entsteht ein Veräußerungsgewinn von 1 500 DM (10 000 DM – 8 500 DM). Die Buchungen lauten demnach:

	Soll	Haben
Abschreibungen auf Maschinen	500 DM	
an Maschinen und maschinelle Anlagen		500 DM
Forderungen	11 600	
an Erlöse aus Anlagenabgängen		10 000
an Umsatzsteuer		1 600

Am Jahresende muß noch die Umbuchung vorgenommen werden:

	Soll	Haben
Erlöse aus Anlagenabgängen	10 000 DM	
an Maschinen und maschinelle Anlagen		8 500 DM
an sonstige betriebliche Erträge (Unterkonto: Veräußerungserlöse)		1 500 DM

Soll — Forderungen — Haben

Soll		Haben	
2)	11 600		

Soll — Erlöse — Haben

Soll		Haben	
3)	10 000	2)	10 000

Soll — Umsatzsteuer — Haben

Soll		Haben	
		2)	1 600

Soll — Maschinen — Haben

Soll		Haben	
BW	9 000	1)	500
31.12.99		2)	8 500

Soll — sonst. betr. Erträge — Haben

Soll		Haben	
		3)	1 500

Soll — Abschreibungen — Haben

Soll		Haben	
1)	500		

Um die Gewinnauswirkung dieses Geschäftsvorfalls zu beurteilen, müssen nur die Erfolgskonten „Abschreibungen" und „Sonstige betriebliche Erträge" über das Konto „Gewinn- und Verlustrechnung" abgeschlossen werden.

Soll — Abschreibungen — Haben

Soll		Haben	
1)	500	4)	500

Soll — sonst. betr. Erträge — Haben

Soll		Haben	
4)	1 500	3)	1 500

Soll		Gewinn- und Verlustkonto	Haben
...	...	...	...
...	...	...	...
Abschreibung	500	sonst. betriebl. Erträge	1 500
Gewinn	1 000		
Summe	1 500	Summe	1 500

b) Abschreibung bis 31.05.2000:

Wird bis zum 31.05. 2000 abgeschrieben, so beträgt die anteilige Abschreibung im Veräußerungsjahr 5/12 von 1 500 DM = 625 DM.

	Buchwert am 31.12.1999	9 000 DM
–	anteilige Abschreibung bis 31.05.2000	625 DM
	Buchwert am 30.04.2000	8 375 DM

Bei einem Verkaufspreis von 10 000 DM entsteht folglich ein Veräußerungsgewinn von 1 625 DM (10 000 DM – 8 375 DM). In diesem Fall lauten die Buchungen:

	Soll	Haben
Abschreibungen auf Maschinen	625 DM	
an Maschinen und maschinelle Anlagen		625 DM
Forderungen	11 600	
an Erlöse aus Anlagenabgängen		10 000 DM
an Umsatzsteuer		1 600 DM

Am Jahresende muß noch folgende Umbuchung vorgenommen werden:

	Soll	Haben
Erlöse aus Anlagenabgängen	10 000 DM	
an Maschinen und maschinelle Anlagen		8 375 DM
an sonstige betriebliche Erträge (Unterkonto: Veräußerungserlöse)		1 625 DM

Soll — Forderungen — Haben

Soll		Haben	
2)	11 600		

Soll — Erlöse — Haben

Soll		Haben	
3)	10 000	2)	10 000

Soll — Umsatzsteuer — Haben

Soll		Haben	
		2)	1 600

Soll — Maschinen — Haben

Soll		Haben	
BW 31.12.99	9 000	1)	625
		3)	8 375

Soll — sonst. betr. Erträge — Haben

Soll		Haben	
		3)	1 625

Soll — Abschreibungen — Haben

Soll		Haben	
1)	625		

Auch hier werden wieder die Erfolgskonten „Abschreibungen" und „Sonstige betriebliche Erträge" über das Konto „Gewinn- und Verlustrechnung" abgeschlossen.

Soll — Abschreibungen — Haben

Soll		Haben	
1)	625	4)	625

Soll — sonst. betr. Erträge — Haben

Soll		Haben	
4)	1 625	3)	1 625

Soll	Gewinn- und Verlustkonto		Haben
...	...	...	...
...	...	...	...
Abschreibung	625	sonst. betriebl. Erträge	1 625
Gewinn	1 000		
Summe	1 625	Summe	1 625

c) Abschreibung bis 26.05.2000:

Vergleichend wollen wir nun noch die Abschreibung taggenau berechnen. Unterstellt man, daß das Jahr 2000 insgesamt 365 Tage hat, entfallen davon auf die Zeit vom 1.1. bis zum 26.5. insgesamt 146 Tage. Auf diese Zeit entfällt eine Abschreibung von 146/365 von 1 500 DM = 600 DM. Am Verkaufstag weist die Maschine damit einen taggenauen Buchwert von 8 400 DM auf.

	Buchwert am 31.12.1999	9 000 DM
–	anteilige Abschreibung bis 26.05.2000	600 DM
	Buchwert am 30.04.2000	8 400 DM

Die Maschine wird für netto 10 000 DM an einen Erwerber veräußert. Demzufolge entsteht ein Veräußerungsgewinn von 1 600 DM (10 000 DM – 8 400 DM).

	Soll	Haben
Abschreibungen auf Maschinen	600 DM	
an Maschinen und maschinelle Anlagen		600 DM
Forderungen	11 600	
an Erlöse aus Anlagenabgängen		10 000 DM
an Umsatzsteuer		1 600 DM

Am Jahresende muß noch die Umbuchung vorgenommen werden:

	Soll	Haben
Erlöse aus Anlagenabgängen	10 000 DM	
an Maschinen und maschinelle Anlagen		8 400 DM
an sonstige betriebliche Erträge (Unterkonto: Veräußerungserlöse)		1 600 DM

Soll — Forderungen — Haben

Soll		Haben	
2)	11 600		

Soll — Erlöse — Haben

Soll		Haben	
3)	10 000	2)	10 000

Soll — Umsatzsteuer — Haben

Soll		Haben	
		2)	1 600

Soll — Maschinen — Haben

Soll		Haben	
BW	9 000	1)	600
31.12.99		3)	8 400

Soll — sonst. betr. Erträge — Haben

Soll		Haben	
		3)	1 600

Soll — Abschreibungen — Haben

Soll		Haben	
1)	600		

Die Gegenüberstellung von „Abschreibungen“ und „sonstige betriebliche Erträge“ ergibt wieder dasselbe Bild:

Soll	Abschreibungen		Haben
1)	600	4)	600

Soll	sonst. betr. Erträge		Haben
4)	1 600	3)	1 600

Soll	Gewinn- und Verlustkonto		Haben
...	...	...	...
...	...	...	...
Abschreibung	600	sonst. betriebl. Erträge	1 600
Gewinn	1 000		
Summe	1 600	Summe	1 600

Sie sehen, daß sich unabhängig von der Abschreibungswahl immer derselbe Gewinn ergibt. Wie aber kommt das? Ausgehend von einem gleichbleibenden Buchwert zu Beginn des Jahres in Höhe von 9 000 DM wird, je nach Laufzeit, eine unterschiedlich hohe Abschreibung berechnet, die den Buchwert entsprechend vermindert. Da aber der Verkaufspreis in allen drei Varianten stets 10 000 DM beträgt, erhöht sich der sonstige betriebliche Ertrag in dem Maße, in dem der Buchwert durch eine entsprechend hohe Abschreibung vermindert wird.

BEISPIEL

Im Jahr des Verkaufs müssen noch bis zum Verkaufstag anteilige Abschreibungsbeträge berücksichtigt werden. Üblich ist es, die Abschreibung bis zum vollen vorhergehenden Monat zu berechnen.

10.6.4 Was hat es mit den „Geringwertigen Wirtschaftsgütern“ auf sich?

Die Anschaffungs- oder Herstellungskosten von bestimmten beweglichen abnutzbaren Wirtschaftsgütern des Anlagevermögens, die einer selbständigen Nutzung fähig sind, können im Wirtschaftsjahr der Anschaffung oder Herstellung in voller Höhe als Betriebsausgaben gewinnmindernd abgesetzt werden, wenn diese Kosten, vermindert um einen darin enthaltenen Vorsteuerabzug, für das einzelne Wirtschaftsgut den Betrag von 800 DM nicht übersteigen. Ein Wirtschaftsgut ist einer selbständigen Nutzung nicht fähig, wenn es nach seiner betrieblichen Zweckbestimmung nur zusammen mit anderen Wirtschaftsgütern des Anlagevermögens genutzt werden kann und die in den Nutzungszusammenhang eingefügten Wirtschaftsgüter technisch aufeinander abgestimmt sind. Voraussetzung für den vollen Abzug im Jahr der Anschaffung oder Herstellung ist weiterhin, daß entweder für diese Wirtschaftsgüter ein besonderes Verzeichnis neben der eigentlichen Buchhaltung geführt wird, aus dem der Tag der Anschaffung oder Herstellung sowie die entsprechenden Kosten ersichtlich sind oder sich diese Angaben alternativ aus der Buchführung ergeben, indem Sie z.B. ein separates Konto mit dem Namen „Geringwertige Wirtschaftsgüter" anlegen. Für Wirtschaftsgüter, deren Anschaffungs- oder Herstellungskosten, vermindert um einen darin enthaltenen Vorsteuerabzug, nicht mehr als 100 DM betragen haben, sind diese separaten Angaben entbehrlich.

Die Frage, ob ein Wirtschaftsgut des Anlagevermögens selbständig nutzungsfähig ist, stellt sich regelmäßig für solche Wirtschaftsgüter, die in einem Betrieb zusammen mit anderen genutzt werden. Für die Entscheidung in dieser Frage ist maßgeblich auf die betriebliche Zweckbestimmung des jeweiligen Wirtschaftsgutes abzustimmen.

Möchten Sie die „Bewertungsvereinfachung" der geringwertigen Wirtschaftsgüter in Anspruch nehmen, sollten Sie unbedingt darauf achten, daß sie diese im Jahr der Anschaffung oder Herstellung in voller Höhe geltend machen. Es ist nämlich nicht möglich, nur einen Teil der Aufwendungen im Anschaffungs- oder Herstellungsjahr abzusetzen und den Restbetrag auf die betriebsgewöhnliche Nutzungsdauer zu verteilen.

BEISPIEL

Sie kaufen sich einen neuen Bürostuhl für Ihr betriebliches Büro im Gesamtwert von 951,20 DM incl. 16 % MWSt. Die Bezahlung erfolgt bar mit 3 % Skontoabzug. Die Anschaffungskosten des beweglichen und abnutzbaren Wirtschaftsgutes liegen unter Außerachtlassung der 16%igen Mehrwertsteuer unter 800 DM.

Berechnung:

	Anschaffungskosten brutto	951,20 DM
–	3 % Skonto (=Anschaffungspreisminderung)	28,54 DM
	endgültige Anschaffungskosten brutto	922,66 DM
–	darin enthaltene 16%ige MWSt	127,26 DM
	Anschaffungskosten netto	795,40 DM

Buchung bei Anschaffung:

	Soll	Haben
Geringwertiges Wirtschaftsgut	795,40 DM	
Vorsteuer	127,26 DM	
an Bank		922,66 DM

Buchung am Jahresende:

	Soll	Haben
Abschreibung auf geringwertige Wirtschaftsgüter	795,40 DM	
an Geringwertige Wirtschaftsgüter		795,40 DM

Checkliste für selbständig nutzungsfähige Wirtschaftsgüter:

- Bestecke in Gaststätten, Hotels und Kantinen
- Computersoftware, wenn es sich um Standard-Anwender-Software mit Anschaffungskosten von nicht mehr als 800 DM oder um Trivialprogramme handelt
- Einrichtungsgegenstände von Läden, Werkstätten, Büros, Hotels, Gaststätten (auch als Erstausstattung und in einem einheitlichen Stil)
- Fässer/Flaschen
- Fernsehgeräte, die an Hotelbetriebe als Zimmerausstattung vermietet werden
- Frisierstuhl
- Grundausstattung einer KfZ-Werkstatt mit Spezialwerkzeugen
- Instrumentarium eines Arztes, auch als Grundausstattung
- Kisten
- Möbel in Hotels und Gaststätten, auch als Erstausstattung
- Müllbehälter eines Müllabfuhrunternehmens, auch Systemmüllbehälter
- Musterbücher und -kollektionen im Tapeten- und Buchhandel
- Paletten zum Transport und zur Lagerung von Waren
- Schallplatten
- Schreibtischelemente
- Schriftenminima in einem Druckereibetrieb
- Spinnkannen einer Spinnerei
- Straßenleuchten
- Tonbandkasetten
- Transportkästen (sofern einheitlich beschafft und genormt)
- Wäsche in Hotels
- Zähler (Wasser, Gas- und Elektrizitätszähler) eines Versorgungsunternehmens

Checkliste für nicht selbständig nutzungsfähige Wirtschaftsgüter:

- Beleuchtungsanlage als Lichtband zur Beleuchtung in Fabrikräumen und Werkhallen
- Bestuhlung in Kinos und Theatern
- Bohrer in Verbindung mit Werkzeugmaschinen
- Computerzubehör (Rechner, Drucker, Maus, Tastatur, Bildschirm)
- Drehbank mit als Antrieb eingebautem Elektromotor
- Elektromotor zum Einzelantrieb einer Maschine, einer Drehbank oder eines Webstuhls
- Ersatzteile für Maschinen usw.
- Fräser in Verbindung mit Werkzeugmaschinen
- Gerüst- und Schalungsteile sowie Schalungstafeln, die genormt und technisch aufeinander abgestimmt sind
- Hausanschlüsse der Versorgungsunternehmen
- Kanaldielen, die in Tiefbauunternehmen bestimmungsgemäß zur Zusammensetzung von Trennwänden verwendet werden
- Kühlkanäle, die an ein loses Kühlgerät angeschlossen sind, um die Durchlüftung des lagernden Getreides sicherzustellen
- Leuchtstoffröhren, die in Lichtbändern zu einer Beleuchtungsanlage für die Beleuchtung eines ganzen Fabrikraums verbunden sind
- Lichtbänder zur Ausleuchtung der einzelnen Stockwerke eines Warenhauses
- Lithographien
- Maschinenwerkzeuge und -verschleißteile
- Pflanzen von Dauerkulturen
- Rebstock
- Regalteile
- Sägeblätter in Diamantsägen und -gattern
- Stanzwerkzeuge in Verbindung mit Werkzeugmaschinen
- Webstuhlmotor

10.7 Darlehensaufnahme

Nicht immer ist es möglich, alle erforderlichen Investitionen durch Eigenkapital zu finanzieren. Häufig wird es in der Regel sogar günstiger sein, für eine langfristige Investition Fremdkapital aufzunehmen, um das Eigenkapital für kurzfristig benötigte Liquiditätsreserven zur Verfügung zu halten. Speziell bei der Aufnahme von Darlehen ist es in der Praxis üblich, daß Sie als Darlehensnehmer nicht den gesamten Betrag ausbezahlt bekommen, sondern einen geringeren. Mit der Einbehaltung eines Differenzbetrages „erkaufen" Sie sich während der vertraglich vereinbarten Laufzeit einen günstigeren Darlehenszins. Diese Differenz zwischen dem ausgezahlten und aufgenommenen Darlehensbetrag bezeichnet man auch als Disagio, Damnum oder Darlehensabgeld. Das Disagio kann als eine neben der laufenden Verzinsung geleistete zusätzliche Vergütung für die Kapitalnutzung (zusätzliche Verzinsung), aber auch als Entgelt für die Bearbeitung bzw. Abwicklung des Kredits (z.B. die der kreditgebenden Bank erwachsenen Geldbeschaffungskosten) angesehen werden. Dadurch, daß sich die Verzinsung während der Laufzeit vermindert, wird das Disagio buchhalterisch einheitlich als „zinsähnlicher Aufwand" behandelt.

Sie benötigen zur Finanzierung Ihrer neu gekauften Maschine insgesamt 15 000 DM. Ihre Hausbank bietet Ihnen ein Darlehen zu folgenden Konditionen an:

Darlehenssumme	16 000 DM
Auszahlungsbetrag	14 800 DM
Bearbeitungsgebühren der Bank	900 DM
Provisionszahlung für die Vermittlung	500 DM
Darlehenstilgung am Ende der Laufzeit	16 000 DM
Laufzeit des Darlehens	fünf Jahre
Zinssatz p.a.	3,5 %
Zinszahlung jährlich am Ende des Jahres	
Auszahlung am	01.05.2000

Bei der buchhalterischen Erfassung des gesamten Vorgangs werden Sie auf verschiedene Schwierigkeiten stoßen:

1. Mit welchem Wert erscheint das Darlehen in der Bilanz (mit 14 800 DM oder 16 000 DM)?
2. Wie wird das Disagio in Höhe von 1 200 DM behandelt ?
3. Mindern die Bearbeitungsgebühren und die Provisionszahlung sofort den Gewinn?

Zu 1. Mit welchem Wert muß das Darlehen in der Bilanz ausgewiesen werden?

Genau wie Vermögensgegenstände mit ihren Anschaffungskosten bilanziert werden, müssen auch Verbindlichkeiten und Darlehen mit ihrem Rückzahlungsbetrag passiviert werden. In die Bilanz muß also der Betrag „eingestellt" werden, der insgesamt zurückzuzahlen ist (16 000 DM).
Buchungssatz im Falle einer Darlehensauszahlung von 16 000 DM:

	Soll	Haben
Bank	16 000 DM	
an Darlehen		16 000 DM

Wie aus dem Beispiel aber hervorgeht, werden nur 14 800 DM ausgezahlt, so daß auf dem Bankkonto nur ein Zugang von 14 800 DM gebucht werden kann.

	Soll	Haben
Bank	14 800 DM	
???	1 200 DM	
an Darlehen		16 000 DM

Die drei Fragezeichen deuten die buchhalterische Behandlung des Disagios an.

Zu 2. Wie wird der Disagio behandelt?

Das Disagio stellt die Differenz zwischen dem Auszahlungsbetrag von 14 800 DM und der Darlehenssumme von 16 000 DM dar. Die Gesamtlaufzeit des Darlehens beträgt fünf Jahre. Um die buchhalterische Erfassung des Disagios zu verstehen, vorab noch einige kurze Vorbemerkungen: Wie eingangs bereits erwähnt, „erkaufen" Sie sich mit dem Disagio einen günstigeren Darlehenszins während der vertraglich vereinbarten Darlehenslaufzeit von fünf Jahren. Ohne das Abgeld (Disagio) hätte der Zinssatz vielleicht bei 5,5 % p.a. gelegen. Aus diesem Grund wird das Disagio auch als eine Art „Zinsersatz" angesehen und muß buchhalterisch auch so behandelt werden. Die Besonderheit beim Disagio liegt allerdings darin, daß der Zinsersatzbetrag von 1 200 DM bereits in voller Höhe im Jahr der Darlehensaufnahme geleistet wird, obwohl sich der Vorteil des niedrigeren Zinssatzes auf die gesamten fünf Jahre Darlehenslaufzeit bezieht. Buchhalterisch muß demzufolge der Einmalbetrag von 1 200 DM „portionsweise“ auf die einzelnen Jahre der Darlehenslaufzeit verteilt werden und darf nicht bereits im Jahr der Darlehensaufnahme den Gewinn in voller Höhe mindern. In der Fachsprache handelt es sich um eine Ausgabe für eine bestimmte Zeit (Laufzeit genau fünf Jahre seit der Darlehensaufnahme) nach dem Bilanzstichtag. Dazu bestimmt der § 250 Abs. 1 HGB, daß Ausgaben vor dem Abschlußstichtag, soweit sie Aufwand für eine bestimmte Zeit nach dem Abschlußstichtag darstellen, als Rechnungsabgrenzungsposten auf der Aktivseite der Bilanz auszuweisen sind. Mit anderen Worten dürfen die Teile der 1 200 DM, die laufzeitmäßig nicht das Jahr 2000 berühren, den Gewinn im Jahr 2000 nicht mindern. Das Disagio von 1 200 DM bezieht sich auf eine Laufzeit von 60 Monaten (fünf Jahre x zwölf Monate). Von diesen 60 Monaten entfallen auf das Jahr 2000 insgesamt acht Monate (1.5. bis 31.12.). Demzufolge dürfen auch nur 160 DM (1 200 DM/60 Monate x acht Monate) von den gesamten 1 200 DM den Gewinn bereits im Jahr 2000 mindern. Der Restbetrag in Höhe von 1 040 DM muß als Aktivposten in der Bilanz unter den Rechnungsabgrenzungsposten ausgewiesen werden. Dabei stellen die Rechnungsabgrenzungsposten ein „Sammelbecken“ für Beträge dar, die erst in den Folgejahren zu Gewinnminderungen führen.

Der gesamte Disagiobetrag von 1 200 DM teilt sich für das Jahr 2000 in:

	Soll	Haben
Zinsaufwand	160 DM	
aktive Rechnungsabgrenzungsposten	1 040 DM	

An die unvollständige Buchung unter 1) anknüpfend, muß die komplette Buchung lauten:

	Soll	Haben
Bank	14 800 DM	
Zinsaufwand	160 DM	
aktive Rechnungsabgrenzungsposten	1 040 DM	
an Darlehen		16 000 DM

Der aktive Rechnungsabgrenzungsposten wird Jahr für Jahr entsprechend der vergangenen Darlehenslaufzeit aufgelöst. Die entsprechende Buchung im Jahr 2001 lautet demnach:

	Soll	Haben
Zinsaufwand	240 DM	
an aktive Rechnungsabgrenzungs-posten		240 DM

Der Betrag von 240 DM ergibt sich aus 1 200 DM/60 Monate x zwölf Monate (für die Zeit vom 1.1. bis zum 31.12.)

Zu 3. Was ist aber mit den Bearbeitungsgebühren und der Provisionszahlung?

Sind nicht alle Kostenelemente mit dem einheitlichen Disagio abgegolten, hat vielmehr der Darlehensnehmer (also Sie) Verwaltungs- und/oder Bearbeitungsgebühren bei Darlehensaufnahme separat an die kreditgebende Bank zu zahlen, sind auch diese Beträge abzugrenzen und auf die Laufzeit des Darlehens zu verteilen. Dagegen sind Provisionszahlungen, die Sie an einen Dritten für die Vermittlung entrichten, sofort abzugsfähige Betriebsausgaben.

	Soll	Haben
Bank	13 400 DM	
Zinsaufwand	780 DM [1]	
aktive Rechnungsabgrenzungsposten	1 820 DM [2]	
an Darlehen		16 000 DM

Zinszahlung am Ende des Jahres 2000:

	Soll	Haben
Zinsaufwand	373 DM	
an Bank		373 DM

Das zuvor zur Verteilung des Disagiobetrages Gesagte hat allerdings nur Gültigkeit, wenn es sich um ein Fälligkeitsdarlehen (d.h. die Darlehensschuld wird am Ende der Laufzeit in einer Summe getilgt) handelt. Im Falle eines

[1] Der Zinsaufwand setzt sich zusammen aus: 160 DM anteiliges Disagio und 120 DM anteilige Bearbeitungsgebühr jeweils für acht Monate und der gesamten Provisionszahlung in Höhe von 500 DM.

[2] Der aktive Rechnungsabgrenzungsposten beinhaltet: 1 040 DM Disagio und 780 DM Bearbeitungsgebühr, die jeweils in den Folgejahren entsprechend der Vertragslaufzeit gewinnmindernd aufgelöst werden.

Tilgungsdarlehen (d.h. das Darlehen wird bereits während der Laufzeit getilgt) muß die Verteilung entsprechend der jeweils tatsächlichen Inanspruchnahme des Darlehens (also degressiv wie der Zinsaufwand) erfolgen. Degressiv heißt in diesem Zusammenhang nach der Zinsstaffelmethode.

Darlehenssumme	16 000 DM
Auszahlungsbetrag	14 800 DM
Bearbeitungsgebühren der Bank	900 DM
Provisionszahlung für die Vermittlung	500 DM
Darlehenstilgung in fünf gleich hohen jährlichen Raten zu je	3 200 DM
Laufzeit des Darlehens	fünf Jahre
Zinssatz p.a.	3,5 %
Zinszahlung jährlich am Ende des Jahres	
Auszahlung am	01.05. 2000

Berechnung der jährlichen Verteilung des Disagiobetrages:

$$\frac{(1+5) \times 5}{2} = 15$$

5/15 von 1 200 Auflösung im ersten Jahr:	400 DM
4/15 von 1 200 Auflösung im zweiten Jahr:	320 DM
3/15 von 1 200 Auflösung im dritten Jahr:	240 DM
2/15 von 1 200 Auflösung im vierten Jahr:	160 DM
1/15 von 1 200 Auflösung im fünften Jahr:	80 DM

Zu beachten ist, daß auch im Falle eines Tilgungsdarlehens die Auflösung im ersten Jahr nur anteilig für acht Monate (1.5. bis 31.12.2000) erfolgen darf.

Im Jahr 2000 wird gebucht:

	Soll	Haben
Zinsaufwand	267 DM	
an aktive Rechnungsabgrenzungsposten		267 DM

Der restliche Betrag in Höhe von 133 DM aus dem ersten Jahr wird erst im Jahr 2001 zusammen mit 8/12 des Betrages von 320 DM aufgelöst.
Im Jahr 2001 wird gebucht:

	Soll	Haben
Zinsaufwand	346 DM	
an aktive Rechnungsabgrenzungsposten		346 DM

In der Praxis kommt es häufig vor, daß ein Darlehen vorzeitig zurückgezahlt wird. In diesem Fall ist das nicht verbrauchte Disagio komplett in dem Jahr der vollständigen Rückzahlung gewinnmindernd auszubuchen. Wird ein Darlehen während seiner ursprünglich festgelegten Laufzeit verkürzt, muß auch das restliche Disagio der neuen Laufzeit entsprechend angepaßt werden. Im Falle einer Verlängerung des Darlehens ist eine Neuverteilung dagegen nicht vorzunehmen. Ist der Zinsfestschreibungszeitraum kürzer als die gesamte Darlehenslaufzeit, so ist diese für die anteilige Verteilung des Disagiobetrages maßgebend.

Neben dem Darlehensabgeld taucht in der Praxis häufig auch der Begriff „Darlehensaufgeld" (Agio) auf. Ist vertraglich vorgesehen, daß bei Endfälligkeit an die Bank ein Darlehensaufgeld zu entrichten ist, dann ist dieser Mehrbetrag kein gewinnmindernder Aufwand im Jahr der tatsächlichen Zahlung, sondern anteilig Aufwand sämtlicher Wirtschaftsjahre der Darlehenslaufzeit.

BEISPIEL

Darlehenssumme	16 000 DM
Auszahlungsbetrag	16 000 DM
Darlehensaufgeld am Ende der Laufzeit	2 000 DM
Provisionszahlung für die Vermittlung	500 DM
Darlehenstilgung am Ende der Laufzeit	16 000 DM
Laufzeit des Darlehens	fünf Jahre
Zinssatz p.a.	3,5 %
Zinszahlung jährlich am Ende des Jahres	
Auszahlung am	01.05. 2000

Die entsprechenden Buchungssätze lauten in diesem Fall:

	Soll	Haben
Bank	15 500 DM	
Zinsaufwand	500 DM	
aktive Rechnungsabgrenzungsposten	2 000 DM	
an Darlehen		18 000 DM

Der aktive Rechnungsabgrenzungsposten wird Jahr für Jahr entsprechend der vergangenen Darlehenslaufzeit aufgelöst. Die entsprechende Buchung im Jahr 2000 lautet demnach:

	Soll	Haben
Zinsaufwand	267 DM	
aktive Rechnungsabgrenzungsposten		267 DM

Der Betrag von 267 DM ergibt sich aus 2 000 DM/60 Monate x acht Monate (für die Zeit vom 1.5. bis zum 31.12.).

Zusammenstellung eines Tilgungsplanes mit gleichzeitiger Berechnung des Zinsaufwands und der Auflösung des Aufgeldes (Agio)

Darlehensschuld		**Tilgung**	**Zins-zahlung**	**Restschuld**	**Auflösung**
am	DM	DM	DM	31.12.	Agio (DM)
1.5.2000	16 000	0	373		267
1.1.2001	16 000	0	560	16 000	400
1.1.2002	16 000	0	560	16 000	400
1.1.2003	16 000	0	560	16 000	400
1.1.2004	16 000	0	560	16 000	400
1.1.2005	16 000	16 000	187	0	133

Die Zinszahlung am 31.12.2000 beträgt 373 DM (3,5 % von 16 000 DM für die Zeit vom 1.5. bis zum 31.12.2000). In den Jahren 2001 bis 2004 werden jeweils am Jahresende 560 DM (3,5 % von 16 000 DM für ein Jahr) an Zinsen entrichtet. Im Jahr 2005 fallen Zinsen zu 3,5 % für eine Zeit vom 1.1. bis zum 30.4. 2005 in Höhe von 187 DM an.

Die Auflösung des Disagios erfolgt in den einzelnen Jahren wie folgt:

2000:

2 000 DM/60 Monate x acht Monate = 267 DM
(für die Zeit vom 1.5. bis zum 31.12.)

2001 - 2004:

2 000 DM/60 Monate x zwölf Monate = 400 DM
(für die Zeit vom 1.1. bis zum 31.12.)

2005:

2 000 DM/60 Monate x vier Monate = 133 DM
(für die Zeit vom 1.1. bis zum 30.04.)

10.8 Steuern

Steuern sind nicht gleich Steuern. In der Buchhaltung wird jede Steuerart unterschiedlich gebucht und übt damit unterschiedlichen Einfluß auf den Gewinn aus. In der Praxis hat sich folgende Klassifizierung durchgesetzt:

a) Steuern als Anschaffungsnebenkosten
b) Gewinnmindernde Steuern
c) Steuern, die natürliche oder juristische Personen betreffen
d) Steuern als „durchlaufender Posten“.

Zu a) Steuern als Anschaffungsnebenkosten:

Sie erinnern sich sicher: Im Kapitel 10.6 „Kauf und Verkauf von Anlagegütern“ war die Rede von aktivierungspflichtigen Anschaffungskosten, Anschaffungsnebenkosten und Anschaffungspreisminderungen. Zu den Anschaffungsnebenkosten zählen z.B. auch Grunderwerbsteuer bei einem Grundstückskauf, Zölle sowie nicht abzugsfähige Vorsteuerbeträge bei Anschaffungen von Anlagegütern.

Wie bereits erläutert, zählen die Anschaffungsnebenkosten auch zu den Anschaffungskosten und müssen aktiviert werden. Anschließend erfolgt eine Abschreibung über die betriebsgewöhnliche Nutzungsdauer.

Zu b) Gewinnmindernde Steuern

Unter den Sammelbegriff „gewinnmindernde Steuern“ fallen sämtliche Aufwandssteuern. Sie mindern in voller Höhe im Jahr der Zahlung den steuerlichen Gewinn. Zu den bekanntesten Aufwandssteuern zählen

- Gewerbesteuer
- Grundsteuer
- Kfz-Steuer.

Grundsteuer ist nur dann zu entrichten, wenn Sie über Grundbesitz verfügen. Eine Kfz-Steuer wird Ihnen im Falle des Unterhaltens eines Kraftfahrzeuges auferlegt. Nicht so geläufig ist die Gewerbesteuer. Die Gewerbesteuer ist eine Steuerart, die der Gemeinde zusteht und von Ort zu Ort unterschiedlich hoch ausfällt. Sie knüpft an den Gewerbeertrag an, der nach bestimmten im Gewerbesteuergesetz festgelegten Kriterien berechnet wird.

Zu c) Steuern, die natürliche oder juristische Personen betreffen

Neben Einzelunternehmen und Personengesellschaften (natürliche Personen) gibt es Kapitalgesellschaften. Kapitalgesellschaften stehen in ihrer Eigenschaft als juristische Personen hinsichtlich der Rechte und Pflichten den natürlichen Personen gleich. Steuern, die natürliche oder juristische Personen betreffen, sind z.B.:

- Einkommensteuer
- Kirchensteuer
- Solidaritätszuschlag
- Körperschaftsteuer.

Allen vier Steuerarten ist gemein, daß sie aus dem erwirtschafteten Gewinn gezahlt werden, ohne selbst als Aufwand gewinnmindernd berücksichtigt zu werden. Die Körperschaftsteuer stellt die Einkommensteuer der juristischen Personen (Gesellschaft mit beschränkter Haftung = GmbH oder Aktiengesellschaft = AG) dar.

Sollten Steuern, die natürliche oder juristische Personen betreffen, aus dem Unternehmensvermögen gezahlt werden, so stellen sie nicht abzugsfähige Betriebsausgaben dar, da sie den Gewinn nicht mindern dürfen.

Zu d) Steuern als „durchlaufender Posten".

Als letzte Rubrik innerhalb der Steuereinteilung existieren die Durchlaufsteuern. Sie sind erfolgsunwirksam (haben also keinerlei Auswirkungen auf den Gewinn) und stellen für das Unternehmen einen durchlaufenden Posten insofern dar, als daß sie auf der einen Seite einbehalten und auf der anderen Seite ausgegeben werden. Die bekanntesten Beispiele für „durchlaufende Posten" sind die Umsatzsteuer sowie die Lohnsteuer vom Gehalt oder Lohn des Arbeitnehmers.

Wie bereits im Kapitel 9 „Das Problem der Mehrwertsteuer fest im Griff" erläutert wurde, erhalten Sie von Ihren Kunden zusätzlich zu Ihrem Verkaufspreis 16% Mehrwertsteuer, die Sie an das Finanzamt weiterleiten. Ähnlich verhält es sich mit der Lohnsteuer. Sie vereinbaren mit Ihrem Mitarbeiter ein Bruttogehalt, zahlen ihm aber nur ein geringeres Nettogehalt (nach Abzug der Lohn- und Kirchensteuer, des Solidaritätszuschlages und der Sozialversicherungsbeiträge). Die Lohnsteuer, die Sie einbehalten, müssen Sie Ende des Monats an das Finanzamt abführen.

Kapitel 11

Erste Abschlußversuche in der Hauptabschlußübersicht

Zum Ende eines Geschäftsjahres muß jeder Unternehmer einen Jahresabschluß durchführen. Dieser faßt die Geschehnisse während des ganzen Geschäftsjahres zu einem aussagefähigen Ganzen zusammen. Damit nichts vergessen wird, ist es in der Praxis üblich, vor dem eigentlichen Jahresabschluß eine Hauptabschlußübersicht aufzustellen. Ihr kommt dabei insbesondere die Bedeutung zu, die Entwicklung sämtlicher Bestands- und Erfolgskonten zusammenfassend widerzuspiegeln und dabei den Betriebsablauf des Geschäftsjahres erkennbar zu machen. Speziell einem Anfänger in der Buchhaltung empfehle ich, vor dem Jahresabschluß eine Hauptabschlußübersicht aufzustellen. Diese fungiert nicht nur als Jahresabschlußvorbereitung, sondern dient auch als Informationsquelle in Form einer komprimierten Darstellung. Außerdem kann das gesamte Rechenwerk der Buchführung durch eine vor den Abschlußarbeiten aufgestellte Hauptabschlußübersicht auf seine Richtigkeit hin überprüft werden. Die Hauptabschlußübersicht ist auch Hauptinformationslieferant für beim endgültigen Jahresabschluß vorzunehmende Bilanzierungs- und Bewertungswahlrechte.

Der Aufbau einer Hauptabschlußübersicht besteht in der Regel aus neun Spalten. Sie beginnt links in der ersten Spalte mit der Kontenbezeichnung und in der zweiten Spalte mit den Eröffnungsbeständen zu Beginn des Geschäftsjahres getrennt nach Aktiva und Passiva (Eröffnungsbilanz). In der dritten Spalte werden alle „Jahresverkehrszahlen" eingetragen, also betragsmäßig das festgehalten, was während des Geschäftsjahres auf den einzelnen Konten im Soll und Haben gebucht worden ist (Summenzugänge). Die Summe aus Eröffnungsbilanz und Summenzugängen bildet die Spalte Summenbilanz (vierte Spalte), die anschließend saldiert wird und in die Saldenbilanz I (fünfte Spalte) mündet. In der sechsten Spalte werden verschiedene Umbuchungen vorgenommen (auf die später noch näher eingegangen wird), bevor diese zusammen mit dem Saldo aus der Saldenbilanz I in der Saldenbilanz II betragsmäßig aufaddiert werden (siebte Spalte). In einem weiteren Schritt wird die Saldenbilanz II nach vorheriger Abstimmung der Buchbestände mit den durch Inventur ermittelten Werten in eine Hauptabschlußbilanz (achte Spalte) und eine Gewinn- und Verlustrechnung (neunte Spalte) aufgesplittet, wobei die Überschüsse der Bestandskonten in die Bilanz eingehen und die der Erfolgskonten als Aufwand oder Ertrag in der Gewinn- und Verlustrechnung ihren Niederschlag finden. Bei gemischten Konten (z.B. Konten, bei denen noch

Abschreibungen zu verrechnen sind) wird der Endbestand in die Bilanz eingestellt und der Erfolgsanteil in die Gewinn- und Verlustrechnung übernommen. Der Saldo zwischen Aufwands- und Ertragsspalte in der Gewinn- und Verlustrechnung und der Aktiv- und Passivseite in der Hauptabschlußbilanz muß identisch sein. Ein Gewinn (Verlust) ist erzielt worden, wenn der Saldo zum Ausgleich der Bilanz auf der Passivseite (Aktivseite) und zum Ausgleich der Gewinn- und Verlustrechnung auf der Aufwandsseite (Ertragsseite) erscheint.

Dazu eine Mustervorlage:

Konto	Eröffnungsbilanz		Summenzugänge		Summenbilanz		Saldenbilanz I		Umbuchungen		Saldenbilanz II		Hauptabschluß-bilanz		Gewinn- u. Verlustrechnung	
	Aktiva DM	Passiva DM	Soll DM	Haben DM	Soll DM	Haben DM	Soll DM	Haben DM	Soll DM	Haben DM	Soll DM	Haben DM	Soll DM	Haben DM	Soll DM	Haben DM
Grund und Boden																
Gebäude																
Fuhrpark																
Geschäftseinrichtung																
Darlehen																
Kapital																
Kundenforderungen																
Vorsteuer																
Bank																
Kasse																
Lieferantenschulden																
Umsatzsteuerschuld																
Verkaufserlöse																
sonstige betriebliche Erträge																
Roh-, Hilfs- u. Betriebsstoffe																
Gehälter																
Löhne																
Sozialversicherung																
allg. Verwaltungs-kosten																
Betriebssteuern																
Abschreibungen																
Summe	0	0	0	0	0	0	0	0	0	0	0	0	0	0	0	0
Gewinn														0	0	
Ausgleich													0	0	0	0

Die Spalte Umbuchungen ist für Buchungen reserviert, die noch (erst) am Jahresende vorgenommen werden müssen (können):

- Abschluß des Umsatzsteuerkontos/Ermittlung der Umsatzsteuerzahllast
- Entnahmen aus dem (Einlagen in das) Eigenkapitalkonto
- Buchung der Jahresabschreibungen
- Inanspruchnahme von Bewertungswahlrechten und Sonderabschreibungen
- Berücksichtigung von Bestandsveränderungen beim Vorratsvermögen
- Vornahme von zeitlichen Abgrenzungen
- Rückstellungsbildung usw.

Allein aus der Sicht der richtigen Bewertung ist es für Sie auf jeden Fall sinnvoll, vor dem eigentlichen Jahresabschluß in Ihrer Buchführung mittels Hauptabschlußübersicht außerhalb der Buchführung einen „Probeabschluß" durchzuführen, um die möglichen Auswirkungen verschiedener bilanzpolitischer Entscheidungen sofort sichtbar zu machen und die daraus resultierenden Konsequenzen aufzuzeigen.

Ein Beispiel hierzu auf der nächsten Seite:

Konto	Eröffnungsbilanz		Summenzugänge		Summenbilanz		Saldenbilanz I		Umbuchungen		Saldenbilanz II		Hauptabschluß-bilanz		Gewinn- u. Verlustrechnung	
	Aktiva DM	Passiva DM	Soll DM	Haben DM	Soll DM	Haben DM	Soll DM	Haben DM	Soll DM	Haben DM	Soll DM	Haben DM	Soll DM	Haben DM	Soll DM	Haben DM
Grund und Boden	118000				118000	0	118000				118000		118000			
Gebäude	250000				250000	0	250000			12000	238000		238000			
Fuhrpark	65000			3000	65000	3000	62000			5000	57000		57000			
Geschäftseinrichtung	51000		25800		76800	0	76800			3000	73800		73800			
Darlehen		250000	6200		6200	250000		243800				243800		243800		
Kapital		305000			0	305000		305000				305000		305000		
Kundenforderungen	70000		770800	600900	840800	600900	239900				239900		239900			
Vorsteuer	15000		76000	62000	91000	62000	29000			29000	0					
Bank	15800		38570		54370	0	54370				54370		54370			
Kasse	5320		24330	14890	29650	14890	14760				14760		14760			
Lieferantenschulden		65120	115000	245650	115000	310770		195770				195770		195770		
Umsatzsteuerschuld		45000		14000	0	59000		59000	29000			30000		30000		
Verkaufserlöse				540000	0	540000		540000				540000				540000
sonstige betriebliche Erträge				38000	0	38000		38000				38000				38000
Roh-, Hilfs- u. Betriebsstoffe	75000		255000		330000	0	330000				330000				330000	
Gehälter			55000		55000	0	55000				55000				55000	
Löhne			75000		75000	0	75000				75000				75000	
Sozialversicherung			26000		26000	0	26000				26000				26000	
allg. Verwaltungs-kosten			35740		35740	0	35740				35740				35740	
Betriebssteuern			15000		15000	0	15000				15000				15000	
Abschreibungen					0	0	0		20000		20000				20000	
Summe	665120	665120	1518440	1518440	2183560	2183560	1381570	1381570	49000	49000	1352570	1352570	795830	774570	556740	578000
												Gewinn		21260	21260	
												Ausgleich	795830	795830	578000	578000

Bei der Aufstellung einer Hauptabschlußübersicht beginnt man mit der Eröffnungsbilanz. Darin erscheinen alle im Laufe des Jahres geführten und neu angelegten Konten einzeln mit ihren jeweiligen Jahresanfangsbeständen, die sie in der Schlußbilanz des Vorjahres hatten. Die Summe aller Soll- und Habenbeträge muß gleich sein. Anschließend werden in einer weiteren Spalte alle Summenzugänge sowohl im Soll als auch im Haben für jedes Konto aufsummiert und entsprechend in die Hauptabschlußübersicht eingetragen. Die Zusammenfassung der Eröffnungsbilanz und der Summenzugänge ergibt die Summenbilanz. Da bei der doppelten Buchführung jeder Geschäftsvorfall zweimal gebucht wird, und zwar einmal im Soll und einmal im Haben, müssen in der Summenbilanz die Summen der Sollspalte und der Habenspalte denselben Betrag aufweisen. Ist dies nicht der Fall, sind Fehler aufgetreten, und zwar entweder Rechenfehler bei der Addition oder Buchungsfehler im Laufe des Geschäftsjahres (z.B. wenn die Gegenbuchung fehlt oder Buchung und Gegenbuchung auf der gleichen Kontenseite verbucht worden sind). Diese Fehler müssen zuerst lückenlos geklärt werden, bevor die Hauptabschlußübersicht fortgesetzt werden kann und der buchmäßige Jahresabschluß durchgeführt wird.

Der besseren Übersicht halber wird in einer weiteren Spalte mit dem Namen Saldenbilanz I von jedem Konto der Saldo der zuvor errechneten Summenbilanz gezogen. Das Konto „Kundenforderungen“ hat z.B. einen Eröffnungsbestand von 70 000 DM. Die zusammengefaßten Jahresbewegungen ergeben im Soll des Kontos „Kundenforderungen“ einen Betrag von 770 800 DM und im Haben einen von 600 900 DM. Die Summe aus 70 000 DM und 770 800 DM im Soll ergibt 840 800 DM, die Summe aus 0 DM und 600 900 DM ergibt 600 900 DM. Diese beiden Beträge finden Sie auch in der Summenbilanz wieder. In der Saldenbilanz I wird die kleinere Zahl von der größeren subtrahiert, und der verbleibende Restbetrag wird auf die größere Seite des Kontos gestellt. Im Fall des Kontos „Kundenforderungen“ weist die Sollseite den höheren Wert auf. Werden 600 900 DM von 840 800 DM subtrahiert, verbleibt ein Restbetrag (Saldo) von 239 900 DM, der auf der größeren Seite (hier der Sollseite) in der Spalte Saldenbilanz I ausgewiesen wird.

Bevor eine Hauptabschlußbilanz aufgestellt wird, werden häufig noch Umbuchungen vorgenommen. Diese sollten hinter der Saldenbilanz I durchgeführt und aufgezeichnet werden. Eine Umbuchungsspalte ist immer dann sinnvoll, wenn die Hauptabschlußübersicht mehr sein soll als nur die rechnerische Verprobung der Buchführung. Dazu müssen die noch erforderlichen „Vorabschlußbuchungen” in der Umbuchungsspalte berücksichtigt werden. In unserem Beispiel zur Hauptabschlußübersicht sind noch Abschreibungen vorgenommen worden und die Vorsteuer in das Umsatzsteuerkonto umgebucht worden. Die entsprechenden Buchungssätze dafür lauten:

	Soll	Haben
Abschreibungen auf Sachanlagen	20 000 DM	
an Gebäude		12 000 DM
an Fuhrpark		5 000 DM
an Geschäftseinrichtung		3 000 DM

und	Soll	Haben
Umsatzsteuerschuld	29 000 DM	
an Vorsteuer		29 000 DM

Im Anschluß daran werden die Saldenbilanz I und die Umbuchungsspalte nochmals in einer separaten Saldenbilanz II zusammengefaßt, bevor das Zahlenwerk nach Bestands- und Erfolgskonten getrennt aufgeteilt wird. Dabei gehen die Überschüsse der Bestandskonten in die Bilanz (Hauptabschlußbilanz) und die Beträge der Erfolgskonten als Aufwand und Ertrag in die Gewinn- und Verlustrechnung ein. Der Gewinn (Verlust) erscheint in der Hauptabschlußübersicht stets zum Ausgleich der Bilanz auf der Passivseite (Aktivseite) und zum Ausgleich der Gewinn- und Verlustrechnung auf der Aufwandsseite (Ertragsseite).

Die schwierigste Aufgabe: die Schlußbilanz

Kapitel 12

Der Jahresabschluß besteht bei Personengesellschaften und Einzelkaufleuten aus zwei, bei Kapitalgesellschaften aus drei Teilen.

<table>
<tr><th colspan="3">Bestandteile eines Jahresabschlusses</th></tr>
<tr><td colspan="3">Kapitalgesellschaft</td></tr>
<tr><td colspan="2">Personengesellschaft/Einzelkaufmann</td><td></td></tr>
<tr><td>Bilanz</td><td>Gewinn- u. Verlustrechnung</td><td>Anhang und Lagebericht</td></tr>
</table>

Der Anhang soll dem Bilanzleser neben der Bilanz und der Gewinn- und Verlustrechnung weitere wichtige Informationen liefern. Er geht vor allem auf Bewertungs- und Abschreibungsmethoden, Verbindlichkeiten gestaffelt nach unterschiedlicher Restlaufzeit, die Zahl der im Unternehmen beschäftigten Arbeitnehmer usw. näher ein.

Im Gegensatz dazu liefert der Lagebericht zusätzliche Informationen über den Geschäftsverlauf im Abschlußjahr, die wirtschaftliche und finanzielle Lage der Gesellschaft zum Bilanzstichtag sowie die voraussichtliche Entwicklung des Unternehmens in der Zukunft.

Die zu Beginn des Geschäftsjahres in einzelne Konten zerfallende Eröffnungsbilanz muß am Geschäftsjahresende zwecks der genauen Ermittlung des Gewinns wieder zu einer Schlußbilanz zusammengefaßt werden.

BEISPIEL

Die Summen der einzelnen Konten in der Buchführung von Maximilian Hastig sehen folgendermaßen aus:

Soll	Forderungen	Haben
20 000		5 600

Soll	Kasse	Haben
4 500		3 150

Soll	Bank	Haben
25 000		13 950

Soll	Maschinen	Haben
189 040		25 000

Soll	Eigenkapital	Haben
		100 000

Soll	Darlehen	Haben
38 000		38 000

Soll	Verbindlichkeiten	Haben
10 000		19 000

Soll	Verkaufserlöse	Haben
		325 000

Soll	Materialaufwand	Haben
85 000		

Soll	Löhne/Gehälter	Haben
73 000		

Soll	Miete	Haben
20 000		

Soll	Bürokosten	Haben
5 860		

Soll	Versicherungen	Haben
16 000		

Soll	Kfz-Kosten	Haben
38 000		

Soll	sonst. Kosten	Haben
5 300		

Beim Abschluß der Konten zum Jahresende sollten Sie folgende Grundsätze beherzigen:

1. Bestandskonten werden direkt über die Bilanz abgeschlossen.
2. Erfolgskonten werden über die Gewinn- und Verlustrechnung abgeschlossen.
3. Die Gewinn- und Verlustrechnung wird über das Eigenkapitalkonto abgeschlossen.
4. Der Saldo steht auf den einzelnen Konten immer auf der kleineren Seite.
5. Der Saldo wird immer auf der entgegengesetzten Seite gegengebucht.

Sie erinnern sich: Bestandskonten sind Bilanzkonten und haben keinerlei Einfluß auf den Gewinn oder Verlust Ihres Unternehmens. Erfolgskonten sind gewinnbeeinflussend und werden zuerst über die Gewinn- und Verlustrechnung abgeschlossen. Nur der Saldo, also der Gewinn oder Verlust, geht im Anschluß daran in das Eigenkapital ein. Alle Konten werden dadurch abgeschlossen, daß auf beiden Seiten, also im Soll und im Haben, derselbe Betrag steht. Der Saldo geht entweder direkt in die Bilanz ein oder in die Gewinn- und Verlustrechnung.

BEISPIEL

Das Konto Forderungen ist ein Bestandskonto. Demnach geht der Saldo sofort in die Bilanz ein. Der Saldo für das Konto „Forderungen" wird wie folgt errechnet:

größere Seite	=	Sollseite	20 000 DM
kleinere Seite	=	Habenseite	5 600 DM
Saldo kommt immer auf die kleinere Seite			
	=	Habenseite	14 400 DM

Soll	Forderungen		Haben
	20 000		5 600
		Saldo	14 400

Anschließend werden beide Seiten des Kontos unterstrichen und insgesamt nochmals aufaddiert.

Soll	Forderungen		Haben
	20 000		5 600
—		Saldo	14 400
	20 000		20 000

Als Zeichen dafür, daß das Konto abgeschlossen ist, werden beide Summen auf beiden Seiten nochmals doppelt unterstrichen.

Soll	Forderungen		Haben
	20 000		5 600
—		Saldo	14 400
	20 000		20 000

Der Saldo auf dem Konto „Forderungen“ steht mit einem Betrag von 14 400 DM im Haben. Demnach muß die Gegenbuchung im Soll erfolgen und zwar in der Bilanz.

Soll	Forderungen		Haben
	20 000		5 600
—		Saldo	14 400
	20 000		20 000

Aktiv	Bilanz zum 31.12.1999		Passiv
...	...	...	...
...	...	...	...
Forderungen	14 400		
Summe		Summe	

Genau wie das Forderungskonto werden auch alle anderen Bestandskonten abgeschlossen und der jeweilige Saldo in die Schlußbilanz übernommen. Bei den Erfolgskonten erfolgt der Kontenabschluß zunächst über die Gewinn- und Verlustrechnung. Dazu auch ein Beispiel:

Das Konto „Löhne/Gehälter" ist ein Erfolgskonto. Demnach geht der Saldo zunächst in die Gewinn- und Verlustrechnung ein. Der Saldo für das Konto „Löhne/Gehälter" wird wie folgt errechnet:

größere Seite	=	Sollseite	73 000 DM
kleinere Seite	=	Habenseite	0 DM
Saldo kommt immer auf die kleinere Seite			
	=	Habenseite	73 000 DM

Soll	Löhne/Gehälter		Haben
	73 000	Saldo	73 000

Anschließend werden beide Seiten des Kontos unterstrichen und insgesamt nochmals aufaddiert.

Soll	Löhne/Gehälter		Haben
—	73 000	Saldo	73 000
	73 000		73 000

Als Zeichen dafür, daß das Konto abgeschlossen ist, werden beide Summen auf beiden Seiten des Kontos nochmals doppelt unterstrichen.

Soll	Löhne/Gehälter		Haben
—	73 000	Saldo	73 000
	73 000		73 000
	═══		═══

Der Saldo auf dem Konto „Löhne/Gehälter" steht mit einem Betrag von 73 000 DM im Haben. Demnach muß die Gegenbuchung im Soll erfolgen und zwar in der Gewinn- und Verlustrechnung.

Soll	Löhne/Gehälter		Haben
—	73 000	Saldo	73 000
	73 000		73 000
	═══		═══

Soll	Gewinn- und Verlustrechnung vom 1.1. – 31.12.1999		Haben
...	...	...	...
...	...	...	...
Löhne/Gehälter	73 000		
Summe		Summe	

Der gesamte Abschluß aller Konten muß in Ihrer Buchführung dann folgendermaßen aussehen:

Soll	Forderungen		Haben
			5 600
	20 000	S	14 400
	20 000		20 000

Soll	Kasse		Haben
			3 150
	4 500	S	1 350
	4 500		4 500

Soll	Bank		Haben
			13 950
	25 000	S	11 050
	25 000		25 000

Soll	Maschinen		Haben
			25 000
	189 040	S	164 040
	189 040		189 040

Soll	Eigenkapital		Haben
S	100 000		100 000
	100 000		100 000

Soll	Darlehen		Haben
	38 000		38 000

Soll	Verbindlichkeiten		Haben
	10 000		19 000
S	9 000		
	19 000		19 000

Soll	Verkaufserlöse		Haben
S	325 000		325 000
	325 000		325 000

Soll	Materialaufwand	Haben
85 000	S	85 000
85 000		85 000

Soll	Löhne/Gehälter	Haben
73 000	S	73 000
73 000		73 000

Soll	Miete	Haben
20 000	S	20 000
20 000		20 000

Soll	Bürokosten	Haben
5 860	S	5 860
5 860		5 860

Soll	Versicherungen	Haben
16 000	S	16 000
16 000		16 000

Soll	Kfz-Kosten	Haben
38 000	S	38 000
38 000		38 000

Soll	sonstige Kosten	Haben
5 300	S	5 300
5 300		5 300

Soll	Gewinn- und Verlustrechnung vom 1.1. – 31.12.1999		Haben
Materialaufwand	85 000	Verkaufserlöse	325 000
Löhne/Gehälter	73 000		
Miete	20 000		
Bürokosten	5 860		
Versicherungen	16 000		
Kfz-Kosten	38 000		
sonstige Kosten	5 300		
Gewinn	81 840		
Summe	325 000	Summe	325 000

Aktiv	Bilanz zum 31.12.1999		Passiv
A. Anlagevermögen:		A. Eigenkapital:	
1. Maschinen	164 040	1. Stammkapital	100 000
		2. Gewinn	81 840
B. Umlaufvermögen:		B. Fremdkapital:	
1. Forderungen	14 400	1. Darlehen	0
2. Bank	11 050	2. Verbindlichkeiten	9 000
3. Kasse	1 350		
Summe	190 840	Summe	190 840

Eine Besonderheit stellt in diesem Zusammenhang das Konto „Darlehen" dar. Bereits während des laufenden Geschäftsjahres gleicht sich das Konto auf beiden Seiten aus. Es stehen sowohl 38 000 DM auf der Haben- als auch auf der Sollseite. Insofern beträgt der Saldo Null DM. Wird kein Saldo ermittelt, wird die Addition auf beiden Seiten lediglich doppelt unterstrichen.

Soll	Darlehen	Haben
38 000		38 000

Weisen sämtliche Konten im Soll und im Haben den gleichen Betrag auf, d.h. sind sie ausgeglichen, kann der Kontenabschluß dadurch erfolgen, daß unter die Summen der beiden Seiten Doppelstriche gezogen werden. Ergibt sich bei einem Konto ein Sollüberschuß (die Sollseite ist größer als die Habenseite), muß der Saldo zum Ausgleich des Kontos auf der Haben- und in der Schlußbilanz auf der Sollseite stehen. Umgekehrt steht der Saldo auf dem Konto auf der Sollseite, falls ein Habenüberschuß (die Habenseite ist größer als die Sollseite) vorliegt. Die Gegenbuchung erfolgt in der Schlußbilanz auf der Habenseite.

Folglich können Sie sich ganz einfach merken:

das Konto weist einen ... auf	Konto steht in der Schlußbilanz auf der
Sollüberschuß (Soll > Haben)	Aktivseite
Habenüberschuß (Haben > Soll)	Passivseite

Zusammenfassend läßt sich festhalten, daß die gesamten Buchungsarbeiten während des Geschäftsjahres wie folgt ablaufen:

1. Aufstellung einer Eröffnungsbilanz (entspricht der Schlußbilanz des Vorjahres)
2. Anlegen von verschiedenen Konten
3. Übertragung der Anfangsbestände auf die einzelnen Konten
4. Buchung der laufenden Geschäftsvorfälle während des Jahres
5. Abstimmung der Konten mit den Inventurwerten
6. Abschluß der Kosten- und Erlöskonten über das Gewinn- und Verlustkonto
7. Abschluß des Gewinn- und Verlust-Kontos über das Eigenkapital
8. Abschluß der Aktiv- und Passivkonten über die Bilanz
9. Aufstellung der Schlußbilanz

Stichwortverzeichnis